彩图1 土鸡——固始鸡

彩图2 玉米

彩图3 小麦

彩图4 高粱

彩图5 大麦

彩图6 麦麸

 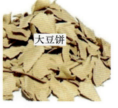

彩图 7　大豆粕和大豆饼　　　　　彩图 8　菜籽粕和菜籽饼

彩图 9　芝麻粕　　　　　　　彩图 10　玉米蛋白粉

彩图 11　玉米胚芽粕　　　　　彩图 12　酒糟蛋白饲料

彩图 13　啤酒糟

彩图 14　肉骨粉

彩图 15　羽毛粉

彩图 16　沙砾

彩图 17　草粉

彩图 18　舍内规模化饲养土鸡

彩图 19　益生素（微生态制剂）

彩图 20　寡聚糖

彩图 21　苜蓿干草

彩图 22　松针粉

彩图 23　饲料的粉碎和搅拌机械

彩图 24　饲料制粒机械

饲料科学配制与应用丛书

土鸡实用饲料配方手册

主　编　王　莉　王秋霞　郭　静
副主编　张晓利　李　玲　段张秀
编　者　王　莉（河南科技学院）
　　　　王秋霞（河南科技学院）
　　　　郭　静（河南省济源市动物卫生监督所）
　　　　张晓利（河南省滑县动物疫病预防控制中心）
　　　　李　玲（河南省获嘉县农业农村局）
　　　　段张秀（河南省新乡市动物检疫站）
　　　　齐晓凤（河南省新乡市动物检验站）
　　　　陈琳静（河南省新乡市动物检疫站）
　　　　韩俊伟（河南省新乡市农业综合行政执法支队）
　　　　魏刚才（河南科技学院）

机械工业出版社

本书共分为3章，内容包括土鸡的营养需要及常用饲料原料、土鸡的饲养标准及饲料配制方法、土鸡的饲料配方实例。本书内容全面新颖，重点突出，通俗易懂，紧扣生产实际，图文并茂，注重科学性、实用性和可操作性，并在书中加入"提示""注意""小经验""小知识"等栏目，使广大土鸡养殖场（户）少走弯路。

本书可供规模化土鸡场饲养管理人员、土鸡养殖户、饲料企业及初养者等阅读，也可以作为农业院校相关专业师生和农村函授等培训班的辅助教材和参考书。

图书在版编目（CIP）数据

土鸡实用饲料配方手册 / 王莉，王秋霞，郭静主编. 北京：机械工业出版社，2024.9. --（饲料科学配制与应用丛书）. -- ISBN 978-7-111-76163-1

Ⅰ. S831.4-62

中国国家版本馆CIP数据核字第2024GN7793号

机械工业出版社（北京市百万庄大街22号　邮政编码100037）
策划编辑：周晓伟　高　伟　　责任编辑：周晓伟　高　伟　王华庆
责任校对：梁　园　王　延　　责任印制：单爱军
保定市中画美凯印刷有限公司印刷
2024年9月第1版第1次印刷
145mm×210mm · 5.25印张 · 2插页 · 139千字
标准书号：ISBN 978-7-111-76163-1
定价：29.80元

电话服务　　　　　　　　　　网络服务
客服电话：010-88361066　　　机　工　官　网：www.cmpbook.com
　　　　　010-88379833　　　机　工　官　博：weibo.com/cmp1952
　　　　　010-68326294　　　金　书　网：www.golden-book.com
封底无防伪标均为盗版　　　　机工教育服务网：www.cmpedu.com

前 言 / PREFACE

近年来，土鸡养殖业逐渐兴起，为市场提供了大量的优质禽肉和禽蛋。土鸡养殖的稳定发展和生产效益提高，最为关键的影响因素是饲料营养，只有提供充足平衡的饲料，使土鸡获得全面均衡的营养，才能使其高产潜力得以发挥。饲料配方是保证土鸡获得充足、全面、均衡营养的关键技术，是提高土鸡生产性能和维护土鸡健康的基本保证。饲料配方的设计不是一个简单的计算过程，实际上是设计者所具备的动物生理、动物营养、饲料学、养殖技术、动物环境科学等方面知识的集中体现。只有运用丰富的饲料营养学知识，结合不同土鸡类型和饲养阶段的特点，才能设计出既能保证生产性能，又能最大限度降低饲养成本的好配方。为了使广大土鸡养殖场（户）技术人员熟悉有关的饲料学、营养学知识，了解饲料原料选择及有关饲料、添加剂和药物使用规定等信息，掌握饲料配方设计技术，使好的配方尽快应用于生产实践，我们组织有关人员编写了本书。

本书从土鸡的营养需要及常用饲料原料、土鸡的饲养标准及饲料配制方法、土鸡的饲料配方实例3个方面进行了系统的介绍，力求理论联系实际，体现实用性、科学性和先进性，并设置了"提示""注意""小经验""小知识"等栏目，有利于土鸡养殖场（户）

少走弯路。本书可供规模化土鸡场饲养管理人员、土鸡养殖户、饲料企业及初养者等阅读，也可以作为农业院校相关专业师生和农村函授等培训班的辅助教材和参考书。

需要特别说明的是，本书提供的饲料配方仅供参考，因配方效果会受到诸多因素影响，如参考的饲养标准，饲料原料的产地、种类、营养成分、等级，土鸡的品种、疾病，季节因素，地域分布，生产加工工艺、饲养管理水平、饲养方式等，具体应在饲料配方师的指导下因地制宜、结合本场实际情况而定。

由于编者的水平有限，书中难免会有错误和不当之处，敬请广大读者批评指正。

编 者

目 录 / CONTENTS

前言

第一章　土鸡的营养需要及常用饲料原料 ………… 1

　第一节　土鸡的营养需要 ……………………………… 1
　　一、土鸡对蛋白质的需要 …………………………… 1
　　二、土鸡对能量的需要 ……………………………… 7
　　三、土鸡对矿物质的需要 ………………………… 11
　　四、土鸡对维生素的需要 ………………………… 14
　　五、土鸡对水的需要 ……………………………… 18

　第二节　土鸡的常用饲料原料 ……………………… 19
　　一、能量饲料 ……………………………………… 20
　　二、蛋白质饲料 …………………………………… 27
　　三、矿物质饲料 …………………………………… 44
　　四、维生素饲料 …………………………………… 46
　　五、饲料添加剂 …………………………………… 47

第三节　土鸡饲料资源的开发利用 ·················· 50
一、青草的开发利用 ························· 50
二、树叶的开发利用 ························· 51
三、动物性蛋白质饲料的开发利用 ················ 54

第二章　土鸡的饲养标准及饲料配制方法 ············ 57
第一节　土鸡的饲养标准 ······················ 57
第二节　预混料的配制方法 ···················· 66
一、预混料的配制原则 ······················· 66
二、预混料的配方设计方法 ···················· 66
第三节　浓缩饲料的配制方法 ··················· 78
一、由全价配合饲料配方推算浓缩饲料配方的方法 ······ 78
二、直接计算浓缩饲料配方的方法 ················ 81
第四节　全价配合饲料的配制方法 ················ 84
一、全价配合饲料的配制原则 ··················· 84
二、全价配合饲料的配方设计依据 ················ 87
三、全价配合饲料的配方设计方法 ················ 88
第五节　饲料的配制加工 ······················ 95

第三章　土鸡的饲料配方实例 ···················· 98
第一节　预混料配方 ························· 98
一、维生素预混料配方 ······················· 98
二、微量元素预混料配方 ····················· 101
三、复合预混料配方 ······················· 103
第二节　浓缩饲料配方 ······················ 105
一、土鸡或蛋用土鸡浓缩饲料配方 ··············· 105
二、肉用土鸡浓缩饲料配方 ··················· 118

第三节　全价配合饲料配方 ·················120
一、土鸡或蛋用土鸡全价配合饲料配方 ·················120
二、肉用土鸡全价配合饲料配方 ·················147

参考文献 ·················160

第一章
土鸡的营养需要及常用饲料原料

第一节　土鸡的营养需要

土鸡（彩图1）的生存、生长和繁衍后代等生命活动，离不开营养物质。饲料中能被土鸡用来维持生命、生产禽类产品、繁衍后代的物质，均称为营养物质（营养素）。饲料中含有各种各样的营养物质，不同的营养物质具有不同的营养作用。不同类型、不同阶段、不同生产水平的土鸡对营养物质的需求也是不同的。

一、土鸡对蛋白质的需要

1. 蛋白质的组成

蛋白质主要是由碳、氢、氧、氮4种元素组成。此外，有的蛋白质还含有硫、磷、铁、铜和碘等。动物体内所含的氮元素，绝大部分存在于蛋白质中，不同蛋白质的含氮量虽有所差异，但都接近16%。

2. 蛋白质的营养作用

蛋白质在土鸡体内具有重要的营养作用，占有特殊的地位，不能用其他营养物质替代，必须由饲料不断供给，其作用见图1-1。

【注意】

蛋白质供给是保证土鸡健康、提高饲料利用率、降低生产成本、提高生产性能的重要环节，要根据土鸡的不同生理状态及生产力水平配制蛋白质含量适宜的饲料。

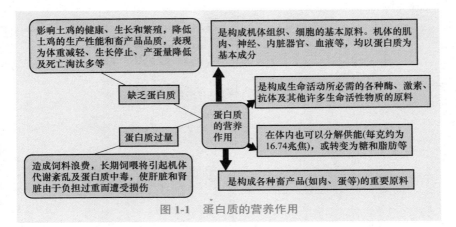

图 1-1 蛋白质的营养作用

3. 蛋白质中的氨基酸

饲料中的蛋白质进入土鸡的消化道，经过各种酶的作用，被分解成氨基酸之后再被吸收，成为构成机体蛋白质的基础物质，所以蛋白质的营养作用实质上是氨基酸的营养作用。

（1）蛋白质中氨基酸的组成　氨基酸分为必需氨基酸和非必需氨基酸（图 1-2）。不同生长阶段土鸡的必需氨基酸种类见表 1-1。

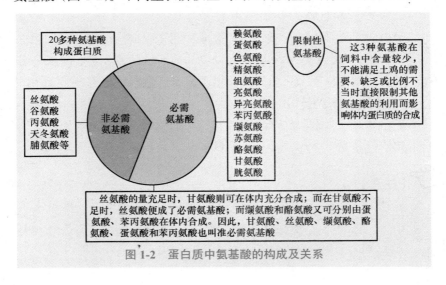

图 1-2　蛋白质中氨基酸的构成及关系

表 1-1 不同生长阶段土鸡的必需氨基酸种类

生长阶段	必需氨基酸种类
成年期	赖氨酸、蛋氨酸、色氨酸、苯丙氨酸、亮氨酸、异亮氨酸、缬氨酸、苏氨酸
生长期	赖氨酸、蛋氨酸、色氨酸、苯丙氨酸、亮氨酸、异亮氨酸、缬氨酸、苏氨酸、组氨酸、精氨酸
育雏期	赖氨酸、蛋氨酸、色氨酸、苯丙氨酸、亮氨酸、异亮氨酸、缬氨酸、苏氨酸、组氨酸、精氨酸、甘氨酸、胱氨酸、酪氨酸

(2) 饲料中的氨基酸 饲料由于种类的不同，所含氨基酸在数量和种类上均有显著差别。一般来说，动物性蛋白质所含必需氨基酸全面且比例适当，品质较好；谷实类及其他植物性蛋白质所含必需氨基酸不全面，量也较少，品质较差。

【注意】

如果饲料中缺少某一种或几种必需氨基酸，特别是赖氨酸、蛋氨酸及色氨酸，则可造成生长停滞、体重下降，而且还能影响饲料的消化和利用效果；玉米蛋白质中赖氨酸和色氨酸的含量很低，营养价值较差。

【小知识】

科学家发现了改变玉米蛋白质质量和影响玉米蛋白质中氨基酸含量的2个突变基因，从而育成了蛋白质含量高达25%（其中赖氨酸含量达45%）的玉米新品种，这为开辟蛋白质饲料来源创造了条件。

【提示】

蛋白质的全价性不仅表现在必需氨基酸的种类齐全，而且其含量的比例也要恰当，也就是氨基酸在饲料中必须保持平衡，这样才能充分发挥其营养作用。

（3）氨基酸的平衡性和互补性

1）氨基酸的互补性。土鸡体内蛋白质的合成和增长，组织的修补和恢复，酶类和激素的分泌等均需要有各种各样的氨基酸，但饲料蛋白质中的必需氨基酸，由于饲料种类的不同，其含量有很大差异。例如，谷实类蛋白质含赖氨酸较少，而含色氨酸则较多；有些豆类蛋白质含赖氨酸较多，而含色氨酸又较少。如果在配合饲料时，把这2种饲料混合应用，即可取长补短，提高其营养价值。这种作用就是氨基酸的互补作用。

【提示】

根据氨基酸在饲料中存在的互补作用，可在实际饲养中有目的地选择适当的饲料，进行合理搭配，使饲料中的氨基酸能起到互补作用，以改善蛋白质的营养价值，提高其利用率。

2）氨基酸的平衡性。所谓氨基酸的平衡性，是指饲料中各种必需氨基酸的含量和相互间的比例与动物体维持正常生长、繁殖的需要量相符合，即要遵循氨基酸的水桶效应（图1-3）。

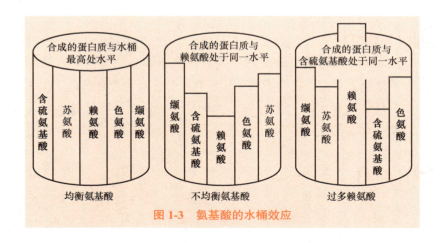

图1-3 氨基酸的水桶效应

【注意】

只有在饲料中氨基酸保持平衡的条件下,氨基酸方能有效利用。任何一种氨基酸的不平衡都会导致土鸡体内蛋白质的消耗增加,生产性能降低。如赖氨酸过剩而精氨酸不足的饲料会严重影响雏鸡的生长。

【提示】

合理的氨基酸营养,不仅要求饲料中必需氨基酸种类齐全、含量丰富,而且要求各种必需氨基酸相互间的比例也要适当,即与土鸡的需要相符合。

4. 影响饲料中蛋白质营养作用的因素

影响蛋白质营养作用的因素很多,主要有:

(1) 饲料中蛋白质水平　饲料中蛋白质水平即蛋白质在饲料中占的数量,过多或缺乏均会造成危害。蛋白质数量过多不仅不能促进体内氮的沉积,反而会使尿中分解不完全的含氮物数量增多,从而导致蛋白质利用率下降,造成饲料浪费;反之,饲料中蛋白质含量过低,也会影响饲料的消化率,造成机体代谢失调,严重影响土鸡生产力的发挥。因此,只有维持合理的蛋白质水平,才能提高蛋白质利用率。

(2) 饲料中蛋白质的品质　蛋白质的品质是由组成它的氨基酸种类与数量决定的。含必需氨基酸的种类全、数量多的蛋白质,其全价性高、品质也好,为完全价值蛋白质;反之,全价性低、品质差的蛋白质,则为不完全价值蛋白质。若饲料中蛋白质的品质好,则其利用率高,且可节省蛋白质的用量。

【小知识】

蛋白质的营养价值,一般以可消化蛋白质在体内的利用率(蛋白质的生物学价值)作为评定指标。这实质是氨基酸的平衡和利用问题，因为体内利用可消化蛋白质合成体蛋白的程度，与氨基酸的比例是否平衡有着直接的关系。

必需氨基酸与非必需氨基酸的配比问题，对于蛋白质在体内的利用率至关重要。首先要保证氨基酸不作为能源利用，而是主要用于氮代谢；其次要保证有足够的非必需氨基酸，防止必需氨基酸转移到非必需氨基酸的代谢途径。近年来，氨基酸营养价值的研究，使得蛋白质在饲料中的占比趋于降低的同时满足土鸡体内蛋白质代谢过程中对氨基酸的需要，提高了蛋白质的生物学价值，节省了蛋白质饲料。在饲养实践中建议配合饲料应多样化，使饲料中的氨基酸种类增多，产生互补作用，以达到提高蛋白质生物学价值的目的。

(3) 饲料中各种营养物质的关系　饲料中的各种营养因素都是彼此联系、互相制约的。近年来在土鸡饲养实践活动中，人们越来越注意到饲料中蛋白能量比的问题。经消化吸收的蛋白质，在正常情况下有70%~80%被用来合成机体组织，另有20%~30%在体内分解，释放出能量，其中分解的产物随尿排出体外。但当饲料中能量不足时，体内蛋白质分解加剧，用以满足土鸡对能量的需求，从而降低了蛋白质的生物学价值。因此，在饲养实践中应供给足够的能量，避免价值高的蛋白质被作为能量利用。

另外，当饲料能量浓度降低时，土鸡为了满足对能量的需要势必增加采食量，如果饲料中蛋白质的占比不变，则会造成饲料蛋白质的浪费；反之，饲料能量浓度增高，采食量减少，则蛋白质的采食量相应减少，这将造成土鸡生产力下降。因此，饲料中能量与蛋白质含量应达到一定的比例，而"蛋白能量比（克/兆焦）"是表示此关系的指标。

许多维生素参与氨基酸的代谢反应，如维生素 B_{12} 对提高植物性蛋白质在机体内的利用率的作用早已被证实。此外，抗生素的利用及磷脂等的补加，也均有助于提高蛋白质的生物学价值。

（4）饲料的调制方法　　豆类和生的大豆饼中含有胰蛋白酶抑制剂，可影响蛋白质的消化吸收，但经加热处理破坏抑制剂后，则会提高蛋白利用率。应注意的是加热时间不宜过长，否则会使蛋白质变性，反而降低蛋白质的营养价值。

（5）合理利用蛋白质养分的时间因素　　在土鸡体内合成一种蛋白质时，必须同时供给数量足够和比例合适的各种氨基酸。但因它们饲喂时间不同而不能同时到达机体组织时，必将导致先到者已被分解，后至者失去用处，造成氨基酸的配套和平衡失常，影响利用。

二、土鸡对能量的需要

能量对土鸡具有重要的营养作用，土鸡的生存、生长和生产等一切生命活动都离不开能量。能量不足或过多，都会影响土鸡的生产性能和健康状况。饲料中的有机物——碳水化合物、脂肪和蛋白质都含有能量，但能量主要来源于饲料中的碳水化合物、脂肪。饲料中各种营养物质的热能总值称为饲料总能。饲料总能减去粪能为消化能，消化能减去尿能和消化过程中产生气体的能量后便是代谢能。能量在土鸡体内的转化过程见图1-4。

1. 碳水化合物

碳水化合物包括糖、淀粉、纤维素、半纤维素、果胶、黏多糖等物质。饲料中的碳水化合物除少量的葡萄糖和果糖外，大多数以淀粉、纤维素和半纤维素等多糖形式存在。

淀粉主要存在于植物的块根、块茎及谷实类中，其含量可高达80%以上。在木质化程度很高的茎叶、稻壳中，可溶性碳水化合物的含量则很低。淀粉在动物消化道内，在淀粉酶、麦芽糖酶等水解酶的作用下水解为葡萄糖而被吸收。

纤维素、半纤维素存在于植物的细胞壁中，一般情况下不容易被土鸡消化。因此，土鸡饲料中纤维素含量不可过高，纤维素的含量一般应控制在2.5%~5%。如果饲料中纤维素含量过少，也会影响胃、肠的蠕动和营养物质的消化吸收，并且易发生吞食羽毛、啄肛等不良现象。

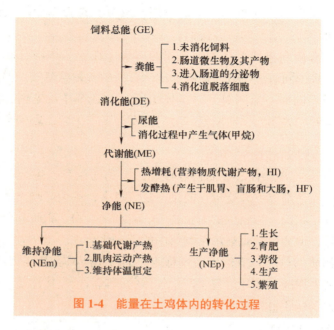

图1-4 能量在土鸡体内的转化过程

碳水化合物在体内可转化为肝糖原和肌糖原贮存起来，以备不时之需。糖原在动物体内的合成贮存与分解消耗经常处于动态平衡状态中。土鸡摄入的碳水化合物在氧化、供给能量、合成糖原后有剩余时，将用于合成脂肪贮存于机体内，以供营养缺乏时使用。

如果饲料中碳水化合物供应不足，不能满足动物维持生命活动需要，动物为了保证正常的生命活动，就必须动用体内的贮存物质，首先是糖原，然后是体脂。如果仍然不足，则开始挪用蛋白质代替碳水化合物，以解决所需能量的供应。在这种情况下，土鸡表现为机体消瘦、体重减轻、生产性能下降、产蛋减少等现象。

土鸡的一切生命活动，如躯体运动、呼吸运动、血液循环、消化吸收、废物排泄、神经活动、繁殖后代、体温调节与维持等，都需要耗能,而这些能量主要靠饲料中的碳水化合物进行生理氧化来提供。

【提示】

在一般情况下,由于土鸡的粪尿排出时混在一起,因而生产中只能去测定饲料的代谢能而不能直接测定其消化能,故土鸡日粮标准中的能量都以代谢能(ME)来表示,其表示方法是兆焦/千克或千焦/千克。

2. 脂肪

脂肪是广泛存在于动、植物体内的一类有机化合物。根据其分子结构的不同,可分为真脂(中性脂肪)和类脂两大类。

(1)真脂(中性脂肪) 真脂是由 1 分子甘油与 3 分子脂肪酸构成的酯类化合物,又称甘油三酯。真脂中的某些不饱和脂肪酸,如亚油酸(十八碳二烯酸)、亚麻酸(十八碳三烯酸)及花生四烯酸(二十碳四烯酸)是土鸡营养中必不可少的脂肪酸,所以又被称为必需脂肪酸。

几乎所有的脂肪酸在土鸡体内均能合成,一般不存在脂肪酸的缺乏问题。只有亚油酸在土鸡体内不能合成,必须由饲料供给。亚油酸缺乏时,雏鸡表现为生长不良,成年鸡则表现为产蛋量减少、种蛋孵化率降低。玉米胚芽含有丰富的亚油酸,以玉米为主要成分的全价饲料含有足够的亚油酸,不会发生亚油酸缺乏症;而以高粱或小麦类为主要成分的全价饲料则可能会出现亚油酸缺乏现象,应给予足够注意。

(2)类脂 类脂是指含磷、含糖或含氮的脂肪。它在化学组成上虽然有别于真脂,但在结构或性质上与真脂接近,主要包括磷脂、糖脂、固醇类及蜡质。类脂是构成动物体各种器官、组织和细胞的重要原料,如神经、肌肉、骨骼、皮肤、羽毛和血液成分中均含有类脂。

真脂的热能价值很高。在土鸡体内,其氧化时放出的热能为同等重量碳水化合物的 2.25 倍。所以它是供给土鸡能量的重要原料,也是机体贮存能量的最佳形式。国内外研究中,在产蛋鸡全价饲料中添加 1%~5% 的真脂来提高全价饲料的能量水平,对产蛋和提高饲料利用率,都取得了良好效果。

脂肪还是脂溶性维生素的良好溶剂,饲料中的脂溶性维生素 A、维生素 D、维生素 E、维生素 K 和胡萝卜素等,都必须溶于脂肪才能被吸收、输送和利用。由此可见,饲料中含有一定量的脂肪可促进脂溶性维生素的吸收和转运。饲料中脂肪的缺乏,常可导致脂溶性维生素的缺乏。

脂肪和碳水化合物一样,在土鸡体内分解后产生热量,用以维持体温和供给体内各器官活动时所需要的能量。脂肪是体细胞的组成成分,是合成某些激素的原料,尤其是生殖激素大多需要胆固醇作为原料。脂肪也是脂溶性维生素的携带者,脂溶性维生素必须以脂肪作为溶剂在体内运输。若饲料中缺乏脂肪,会影响脂溶性维生素的吸收和利用,导致土鸡易患脂溶性维生素缺乏症。

【注意】

不能在体内合成,必须由饲料提供的脂肪酸(如亚油酸)称为必需脂肪酸。必需脂肪酸缺乏会影响磷脂代谢,造成细胞膜结构异常,通透性改变,皮肤和毛细血管受损。以玉米为主要成分的饲料中通常含有足够的亚油酸。而以稻谷、高粱和麦类为主要成分的饲料中可能出现亚油酸的不足。

3. 蛋白质

当土鸡体内碳水化合物和脂肪不足时,多余的蛋白质可在体内分解、氧化供能,以补充热量的不足。土鸡过度饥饿时机体蛋白质也可能供能。土鸡体内多余的蛋白质可经脱氨基作用,将不含氮部分转化为脂肪或糖原贮存起来,以备营养不足时供能。

【提示】

蛋白质供能不仅不经济，而且容易加重机体的代谢负担。

土鸡对能量的需要包括本身的代谢维持需要和生产需要。影响能量需要的因素很多，如环境温度、土鸡的类型、品种、不同生长阶段及生理状况和生产水平等。饲料的能量值有一定范围，土鸡的采食量多少可由饲料的能量值而定，所以饲料不仅要有适宜的能量值，而且与其他营养物质的比例要合理，使土鸡摄入的能量与各营养物质之间保持平衡，提高饲料的利用率和饲养效果。

三、土鸡对矿物质的需要

矿物质（矿物元素）是一类无机营养物质，存在于土鸡体内的各种组织及细胞中，除以有机化合物形式存在的碳、氢、氧和氮外，其余的各种元素无论含量多少，统称为矿物质或矿物元素。矿物质是构成骨骼、蛋壳、羽毛、血液等组织不可缺少的成分，对土鸡的生长发育、生理功能及繁殖功能具有重要作用。土鸡需要的矿物质有钙、磷、钠、钾、氯、镁、硫、铁、铜、钴、锰、碘、锌、硒等，其中前7种是常量元素（占体重0.01%以上），后7种是微量元素。主要矿物质的种类及作用见表1-2。

表1-2 主要矿物质的种类及作用

种类	作用	缺乏时的症状	备注
钙	形成骨骼和蛋壳，促进血液凝固，维持神经、肌肉正常机能和细胞渗透压	雏鸡易患佝偻病，成年鸡蛋壳薄，产软壳蛋	钙在一般谷物、糠麸中含量很少，在贝粉、石粉、骨粉等矿物质饲料中含量丰富；饲料的钙和磷比例应适当，生长鸡比例为（1~1.5）∶1；产蛋、种鸡为（5~6）∶1

(续)

种类	作用	缺乏时的症状	备注
磷	骨骼和卵黄卵磷脂组成部分,参与许多辅酶的合成,是血液中缓冲物质的主要成分	土鸡食欲减退、消瘦,雏鸡易患佝偻病,成年鸡骨质疏松、瘫痪	来源于矿物质饲料、糠麸、饼粕类和鱼粉。土鸡对植酸磷利用能力低,为30%~50%,对无机磷利用能力为100%
钠、钾、氯	三者对维持土鸡体内酸碱平衡、细胞渗透压和调节体温起重要作用,还能改善饲料的适口性。食盐是钠、氯的主要来源	缺乏钠、氯,可导致消化不良、食欲减退、啄肛啄羽等;缺钾时,肌肉弹性和收缩力降低,肠道膨胀,热应激时易发生低钾血症	食盐摄入量过多,轻者饮水量增加、便稀,重者会导致土鸡食盐中毒甚至死亡。动物饲料中钠含量丰富;植物饲料中钾含量较多
镁	镁是构成骨质必需的元素,它与钙、磷和碳水化合物的代谢有密切关系	镁缺乏时,土鸡神经过敏,易惊厥,出现神经性震颤,呼吸困难。雏鸡生长发育不良。产蛋土鸡产蛋率下降	青饲料、糠麸和油饼粕类中含量丰富;过多会扰乱钙、磷平衡,导致腹泻
硫	硫主要存在于机体蛋白质、羽毛及鸡蛋内	缺乏时,表现为食欲减退,体弱脱羽,多泪,生长缓慢,产蛋减少	羽毛中含硫2%
铁、铜、钴	铁是血红素、肌红素的组成成分,铜能催化血红蛋白形成,钴是维生素 B_{12} 的成分之一	三者参与血红蛋白形成和体内代谢,并在体内起协同作用,缺一不可,否则就会发生营养性贫血	来源于硫酸亚铁、硫酸铜和钴胺素、氯化钴
锰	锰影响土鸡的生长和繁殖	雏鸡骨骼发育不良,骨短粗、运动失调,生长受阻;产蛋土鸡性成熟推迟,产蛋率和孵化率下降	摄入量过多,会影响钙、磷的利用率,引起贫血;氧化锰、硫酸锰、青饲料、糠麸中丰富
碘	碘是构成甲状腺必需的元素,对营养物质代谢起调节作用	缺乏时,会导致土鸡甲状腺肿大,代谢机能降低	植物饲料中的碘含量较少,鱼粉、骨粉中含量较高。主要来源是碘化钾、碘化钠及碘酸钙

（续）

种类	作用	缺乏时的症状	备注
锌	锌是土鸡生长发育必需的元素之一，有促进生长、预防皮肤病的作用	缺乏时，土鸡食欲不振，生长迟缓，腿软无力	常用饲料中含有较多的锌；可用氧化锌、碳酸锌补充
硒	硒与维生素E相互协调，可减少维生素E的用量，是蛋氨酸转化为胱氨酸所必需的元素，能保护细胞膜的完整，具有保护心肌的作用	缺乏时，雏鸡皮下出现大块水肿，积聚血样液体，发生心包积水及患脑软化症	一般饲料中硒含量及其利用率较低，需额外补充，一般多用亚硒酸钠补充

【注意】

矿物质是土鸡新陈代谢、生长发育和产蛋必不可少的营养物质，但它们过量时对土鸡可产生毒害作用。部分矿物质对不同年龄土鸡的毒性见表1-3。

表1-3 部分矿物质对不同年龄土鸡的毒性

矿物质	年龄	化合物	中毒量/（毫克/千克）	生理学影响
氯	未成年鸡	$NaCl$	1500	抑制生长
铬	未成年鸡	K_2CrO_4	300	抑制生长
钴	未成年鸡	$CoCl_2 \cdot 6H_2O$	200	抑制生长
铜	未成年鸡	$CuSO_4 \cdot 5H_2O$	500	抑制生长，肌胃糜烂
氟	未成年鸡	NaF	750	抑制生长
碘	产蛋鸡	KI	625	鸡蛋变小
铁	未成年鸡	$Fe_2(SO_4)_3$	4500	引发佝偻病
镁	未成年鸡	$MgCO_3$	6400	抑制生长、死亡
汞	未成年鸡	$HgCl_2$	450	抑制生长、死亡
硒	未成年鸡	Na_2SeO_3	10	抑制生长
锌	未成年鸡	$ZnSO_4$	2000	肌肉营养障碍

四、土鸡对维生素的需要

维生素是动物机体进行新陈代谢、生长发育和繁衍后代所必需的一类有机化合物。土鸡对维生素的需要量很小,通常以毫克计。但维生素在土鸡的生命活动中的生理作用却很大,而且相互之间不可代替。它们主要是以辅酶和辅基的形式参与构成各种酶类,广泛参与土鸡体内的生物化学反应,从而维持机体组织和细胞的完整性,保证土鸡的健康和生命活动的正常进行。

土鸡体内的维生素可从饲料中获取,或由消化道中微生物合成和动物体的某些器官合成。土鸡的消化道短,消化道内的微生物较少,合成维生素的种类和数量都有限;土鸡除肾脏能合成一定量的维生素C外,其他维生素均不能在土鸡体内合成,而必须从饲料中摄取。

土鸡缺乏某种维生素时,会引起相应的新陈代谢和生理机能的障碍,导致特有的疾病,称为某种维生素缺乏症。数种维生素同时缺乏而引起的疾病,则称为多种维生素缺乏症。

1. 维生素的分类

维生素按其溶解性可分为脂溶性和水溶性两大类,每一类中又各包括许多种维生素。维生素最初是以拉丁字母命名的,现在多以化学结构特征或结合生理功能进行命名。土鸡营养中重要的维生素见表1-4。

表1-4 土鸡营养中重要的维生素

类别	名称
脂溶性维生素	维生素A(视黄醇)
	维生素D_2(麦角骨化醇)
	维生素D_3(胆骨化醇)
	维生素E(生育酚)
	维生素K(叶绿醌)
水溶性维生素	维生素B_1(硫胺素)
	维生素B_2(核黄素)

(续)

类别	名称
水溶性维生素	泛酸（维生素 B_3）
	烟酸（维生素 B_5）
	维生素 B_6（吡哆醇等）
	生物素（维生素 H）
	叶酸（维生素 B_{11}）
	维生素 B_{12}（钴胺素）
	维生素 C（抗坏血酸）

2. 不同种类维生素的作用

不同种类维生素的作用见表 1-5。

表 1-5　不同种类维生素的作用

名称	主要功能	缺乏时的症状	备注
维生素 A	可以维持呼吸道、消化道、生殖道上皮细胞或黏膜的结构完整与健全，促进雏鸡的生长发育和土鸡产蛋，增强土鸡对环境的适应力和抵抗力	易引起上皮组织干燥和角质化，眼角膜上皮变性，发生眼干燥症，严重时造成失明；雏鸡消化不良，羽毛蓬乱无光泽，生长速度缓慢；母鸡产蛋量和种蛋受精率下降，胚胎死亡率高，孵化率降低等	存在于青绿多汁的饲料中，黄玉米、鱼肝油、蛋黄、鱼粉中含量丰富；维生素 A 及其前体胡萝卜素均不稳定，在饲料加工、调制和贮存过程中易被破坏，而且环境温度越高，破坏程度越大
维生素 D	参与钙、磷的代谢，促进肠道对钙、磷的吸收，调整钙、磷的吸收比例，促进骨的钙化，是形成正常骨骼、喙、爪和蛋壳所必需的	雏鸡缺乏时，生长速度缓慢，羽毛松散，趾爪变软、弯曲，胸骨弯曲，胸部内陷，腿骨变形；成年土鸡缺乏时，蛋壳变薄，产蛋率、孵化率下降，甚至发生产蛋疲劳症	包括维生素 D_2（麦角骨化醇）和维生素 D_3（胆骨化醇），由植物中的麦角固醇和动物皮肤内的 7-脱氢胆固醇经紫外线照射转变而来，维生素 D_3 的活性要比维生素 D_2 高约 30 倍。鱼肝油含有丰富的维生素 D_3，日晒的干草维生素 D_2 含量较多，市场上有维生素 D_3 制剂销售

(续)

名称	主要功能	缺乏时的症状	备注
维生素E	抗氧化剂和代谢调节剂，与硒和胱氨酸有协同作用，对消化道和机体组织中的维生素A有保护作用，能促进土鸡的生长发育和繁殖率的提高	雏鸡发生渗出性素质病，形成皮下水肿与血肿、腹水，引起小脑出血和脑软化；成年鸡繁殖机能紊乱，产蛋率和受精率降低，胚胎死亡率高	在麦芽、麦胚油、棉籽油、花生油、大豆油中含量丰富，在青饲料、青干草中含量也较多；市场上有维生素E制剂销售。土鸡处于逆境时需要量增加
维生素K	催化合成凝血酶原，具有活性的是维生素K_1、维生素K_2和维生素K_3	皮下出血形成紫斑，而且受伤后血液不易凝固，流血不止以致死亡。雏鸡断喙时常在饲料中补充人工合成的维生素K	青饲料和鱼粉中含有维生素K，一般不易缺乏。市场上有维生素K制剂销售
维生素B_1	参与碳水化合物的代谢，维持神经组织和心肌正常，有助于胃肠的消化机能	易发生多发性神经炎，表现为头向后仰、羽毛蓬乱、运动器官和肌肉衰弱或变性、两腿无力等，呈"观星"状；食欲减退，消化不良，生长缓慢。雏鸡对维生素B_1缺乏敏感	维生素B_1在糠麸、青饲料、胚芽、草粉、豆类、发酵饲料和酵母粉中含量丰富，在酸性饲料中相当稳定，但遇热、遇碱易被破坏。市场上有维生素B_1制剂销售
维生素B_2	构成黄酶辅基，参与碳水化合物和蛋白质的代谢，是土鸡体内较易缺乏的一种维生素	雏鸡生长慢、腹泻，足趾弯曲，用跗关节行走；种鸡产蛋率和种蛋孵化率降低；胚胎发育畸形，萎缩、绒毛短，死胚多	维生素B_2在青饲料、干草粉、酵母、鱼粉、糠麸和小麦中含量丰富。市场上有核黄素制剂销售
泛酸（维生素B_3）	是辅酶A的组成成分，与碳水化合物、脂肪和蛋白质的代谢有关	生长受阻，羽毛粗糙，食欲下降，骨粗短，眼睑黏着，喙和肛门周围有坚硬痂皮。脚爪有炎症，育雏率降低；产蛋鸡产蛋量减少，孵化率下降	泛酸在酵母、糠麸、小麦中含量丰富。泛酸不稳定，易吸湿，易被酸、碱和热破坏

（续）

名称	主要功能	缺乏时的症状	备注
烟酸（维生素 B_5）	某些酶类的重要成分，与碳水化合物、脂肪和蛋白质的代谢有关	雏鸡缺乏时食欲减退，生长慢，羽毛发育不良，跗关节肿大，腿骨弯曲；产蛋鸡缺乏时，羽毛脱落，口腔黏膜、舌、食道上皮发生炎症。产蛋减少，种蛋孵化率低	烟酸在酵母、豆类、糠麸、青饲料、鱼粉中含量丰富。市场上有烟酸制剂销售。雏鸡需要量高
维生素 B_6	是蛋白质代谢的一种辅酶，参与碳水化合物和脂肪代谢，在色氨酸转变为烟酸和脂肪酸过程中起重要作用	发生神经障碍，从兴奋至痉挛，雏鸡生长发育缓慢，食欲减退	维生素 B_6 在一般饲料中含量丰富，又可在体内合成，很少有缺乏现象
生物素（维生素 H）	以辅酶形式广泛参与各种有机物的代谢	股骨粗短症是土鸡缺乏生物素的典型症状。土鸡喙、趾发生皮炎，生长速度降低，种蛋孵化率低，胚胎畸形	生物素在鱼肝油、酵母、青饲料、鱼粉及糠麸中含量较多
胆碱	胆碱是构成卵磷脂的成分，参与脂肪和蛋白质代谢；还是蛋氨酸等合成时所需的甲基来源	土鸡易患脂肪肝，发生骨短粗症，共济失调，产蛋率下降；添加量过多，可使鸡蛋产生鱼腥味。在土鸡的日粮中添加适量胆碱，可提高蛋白质的利用率	胆碱在小麦胚芽、鱼粉、豆饼、甘蓝等饲料中含量丰富。市场上有氯化胆碱制剂销售
叶酸（维生素 B_{11}）	以辅酶形式参与嘌呤、嘧啶、胆碱的合成和某些氨基酸的代谢	生长发育不良，羽毛不正常，贫血，种鸡的产蛋率和孵化率低，胚胎在最后几天死亡	叶酸在青饲料、酵母、大豆饼、麸皮和小麦胚芽中含量较多

(续)

名称	主要功能	缺乏时的症状	备注
维生素B_{12}	以钴酰胺辅酶形式参与各种代谢活动，如嘌呤、嘧啶合成，甲基的转移及蛋白质、碳水化合物和脂肪的代谢；有助于提高造血机能和饲料蛋白质的利用率	雏鸡生长停滞，羽毛蓬乱，种鸡产蛋率、孵化率降低	维生素B_{12}在动物肝脏、鱼粉、肉粉中含量丰富，鸡舍内的垫草中也含有维生素B_{12}
维生素C	具有可逆的氧化和还原性，广泛参与机体的多种生化反应；能刺激肾上腺皮质激素合成；促进肠道内铁的吸收，使维生素B_{11}还原成四氢叶酸	易患坏血病，生长停滞，体重减轻，关节变软，身体各部出血、贫血，适应性和抗病力降低	维生素C在青饲料中含量丰富，生产中多使用维生素C添加剂；抗应激用量一般为50~300毫克/千克饲料，以此提高抗热应激和逆境的能力

五、土鸡对水的需要

水是土鸡机体一切细胞和组织的组成成分，广泛分布于各器官、组织和体液中。体液以细胞膜为界，分为细胞内液和细胞外液。正常土鸡的细胞内液约占体液的2/3；细胞外液主要指血浆和组织液，约占体液的1/3。细胞内液、组织液和血浆之间的水分不断地进行着交换，保持着动态平衡。组织液是血浆中营养物质与细胞内液中代谢产物进行交换的媒介。

土鸡体内水的营养作用是繁多且复杂的，所有生命活动都依赖于水的存在。其主要生理功能是参与体内物质运输（土鸡体内各种营养物质的消化、吸收、转运和大多数代谢废物的排泄，都必须溶于水中才能进行）；参与生物化学反应（土鸡体内的许多生物化学反应都必须有水的参与，如水解、水合、氧化还原，有机物的合成及所有聚合和解聚作用都伴有水的结合或释放）；参与体温调节（土鸡体内新陈代谢过程中所产生的热，被吸收后通过体液交换和血液循环，经皮肤中的汗腺和肺部呼气散发出来）。

【注意】

土鸡得不到饮水比得不到饲料更难维持生命。饥饿时土鸡可以消耗体内的绝大部分脂肪和一半以上的蛋白质来维持生命。但如果体内水分损失达10%，则会引起机体新陈代谢的严重紊乱，如果体内损失20%以上的水分，即可引起死亡，高温季节缺水的后果更为严重。

第二节 土鸡的常用饲料原料

含有土鸡所需要的营养物质成分而不含有害成分的物质都称为饲料。土鸡的常用饲料有几十种，各有其特性，归纳起来主要可以分为五大类，见表1-6。

饲料原料又称单一饲料，是指以一种动物、植物、微生物或矿物质为来源的饲料。单一饲料原料所含养分的数量及比例都不符合土鸡的营养需要。生产中需要根据各种饲料原料的营养特点合理利用。

表1-6 土鸡饲料的分类

分类	常用饲料
能量饲料	谷实类，如玉米、小麦、高粱、大麦等；糠麸类，如高粱糠、麦麸、米糠；油脂饲料，如植物油脂、动物油脂等
蛋白质饲料	植物性蛋白质饲料，如大豆粕（饼）、花生仁粕（饼）、棉籽粕（饼）、菜籽粕（饼）、芝麻粕（饼）、向日葵仁饼、亚麻仁粕（饼）、玉米蛋白粉、玉米胚芽粕（饼）、酒糟蛋白饲料、啤酒糟、饲料酵母等；动物性蛋白质饲料，如鱼粉、血粉、肉骨粉、蚕蛹粉、羽毛粉等
矿物质饲料	骨粉和碳酸氢钙、贝壳粉、石粉、蛋壳粉、食盐、沸石、沙砾等
维生素饲料	青菜类、块茎类、水草、草粉和叶粉、青绿多汁饲料

（续）

分类	常用饲料
饲料添加剂	营养性添加剂，如维生素、微量元素和氨基酸添加剂；非营养性添加剂，如中草药饲料添加剂、酶制剂、微生态制剂、酸制（化）剂、低聚糖、糖萜素、大蒜素、驱虫保健剂、防霉（腐）剂和抗氧化剂、增色剂等

一、能量饲料

干物质中粗纤维含量不足18%，粗蛋白质含量低于20%的饲料均属于能量饲料。能量饲料是富含碳水化合物和脂肪的饲料。这类饲料主要包括禾本科的谷实饲料及它们加工后的副产品、块根块茎类、动植物油脂和糖蜜等，是土鸡用量最多的一种饲料，占日粮的50%~80%，其功能主要是供给土鸡所需要的能量。

1. 玉米

玉米（彩图2）能量高达13.59~14.21兆焦/千克，蛋白质含量只占8%~9%，矿物质和维生素不足。其适口性好，消化率高达90%。其价格适中，是主要的能量饲料。玉米中含有较多的胡萝卜素，有益于蛋黄和土鸡的皮肤着色；但不饱和脂肪酸含量高，粉碎后易酸败变质。

【提示】

如果生长季节和贮存的条件不适当，霉菌和霉菌毒素可能成为问题。经过运输的玉米，不论运输时间多长，霉菌生长都可能造成严重问题。玉米运输中如果湿度大于或等于16%、温度大于或等于25℃，经常发生霉菌生长问题。一个解决办法是在装运时加入有机酸。但是必须记住的是，有机酸可以杀死霉菌并预防其重新感染，但对已产生的霉菌毒素是没有作用的。

饲料用玉米的质量要求：水分含量小于14%，脂肪含量大于3.5%，霉菌毒素中黄曲霉毒素B_1含量小于0.05毫克/千克；异物含量小于3%；破碎粒含量小于7%；无霉变、异味、发芽、虫蛀。饲料用玉米的质量指标及分级标准见表 1-7。

【注意】

玉米在饲料中占 50%~70%。使用中注意补充赖氨酸、色氨酸等必需氨基酸；培育的高蛋白质、高赖氨酸等品种的饲用玉米，营养价值更高，饲喂效果更好。饲料要现配现用，可使用防霉剂。被玉米螟侵害和真菌感染、霉变的玉米禁用。

表 1-7 饲料用玉米的质量指标及分级标准

质量指标	一级	二级	三级
粗蛋白质（%）	≥9.0	≥8.0	≥7.0
粗纤维（%）	<1.5	<2.0	<2.5
粗灰分（%）	<2.3	<2.6	<3.0

注：玉米各项质量指标含量均以 86% 干物质为基础。低于三级者为等外品。

2. 小麦

小麦（彩图 3）的代谢能约为 12.5 兆焦/千克，粗蛋白质含量在禾谷类中最高（12%~15%），且氨基酸种类比其他谷实类完全；缺乏赖氨酸和苏氨酸；B 族维生素含量丰富，钙、磷比例不当。虽然小麦的蛋白质含量比玉米要高得多，供应的能量只是略少些，但是如果在日粮中的用量超过 30% 就可能造成一些问题，特别是对于幼龄土鸡。小麦含有 5%~8% 的戊糖，戊糖可能引起消化物黏稠度问题，导致总体的日粮消化率下降和粪便湿度增大。

【小知识】

小麦的戊糖成分主要是阿拉伯木聚糖，它与其他细胞壁成分相结合，能吸收比自身重量高 10 倍的水分。但是，土鸡不能产生足够数量的木糖酶，因此这些聚合物就能增加消化物的黏稠度。在大多数幼龄土鸡（小于 10 日龄）中观察到小麦代谢能下降10%~15%,这个现象很可能就与它们不能消化这些戊糖有关。随着小麦贮存时间的延长,其对消化物黏稠度的负面影响似乎会下降。

饲料用小麦的质量要求:水分含量小于14%,异物含量小于2%,热损粒含量小于1%,比重为0.72~0.83千克/升;无霉变、异味、发芽、虫蛀。饲料用小麦的质量指标及分级标准见表1-8。

表1-8 饲料用小麦的质量指标及分级标准

质量指标	一级	二级	三级
粗蛋白质(%)	≥14	≥12	≥10
粗纤维(%)	<2	<3	<3.5
粗灰分(%)	<2	<2	<3

注:小麦各项质量指标含量均以86%干物质为基础。低于三级者为等外品。

【注意】

在配合饲料中小麦的用量可占10%~20%。添加β-葡聚糖酶和木聚糖酶的情况下,可占30%~40%。当日粮中大量利用小麦时如果不注意添加外源性的生物素,则会导致土鸡脂肪肝综合征大量发生。

【提示】

用小麦生产配合饲料时,应根据不同饲喂对象采取相应的加工处理方法,或破碎,或干压,或湿碾,或制粒,或膨化,以提高适口性和消化率。在生产实践中发现,不论对于哪种动物来说,小麦粉碎过细都是不明智的,因为过细的小麦(粒、粉),不但可产生糊口现象,还可能在消化道粘连成团而影响其消化。

3. 高粱

高粱（彩图4）的代谢能为12~13.7兆焦/千克，其余营养成分与玉米相近。高粱中钙多、磷多；含有单宁（鞣酸），有涩味，适口性差。

【注意】

在日粮中使用过多高粱时易引起便秘，雏鸡料中不使用，育成土鸡、肉用土鸡和产蛋土鸡日粮中应在20%以下。土鸡饲料中高粱用量多时应注意维生素A的补充及氨基酸、热能的平衡，并考虑色素来源及必需脂肪酸是否足够。

饲料用高粱的质量要求：水分含量小于13.5%，脂肪含量小于2.5%，破碎粒含量小于3%，异物含量小于4%，比重为0.64~0.72千克/升，无霉变、酸味、结块。饲料用高粱的质量指标及分级标准见表1-9。

表1-9 饲料用高粱的质量指标及分级标准

质量指标	一级	二级	三级
粗蛋白质（%）	≥9.0	≥7.0	≥6.0
粗纤维（%）	<2.0	<2.0	<3.0
粗灰分（%）	<2.0	<2.0	<3.0

注：高粱各项质量指标含量均以86%干物质为基础。低于三级者为等外品。

【提示】

高粱的种皮部分含有单宁，具有苦涩味，适口性差，且单宁可使含铁制剂变性，注意增加铁的用量。

4. 大麦

大麦（彩图5）的代谢能低，约为玉米的75%，但B族维生素含量丰富。其含有的抗营养因子主要是单宁和β-葡聚糖，单宁可影响

大麦的适口性和蛋白质的消化利用率。

在配合饲料中大麦的用量可占20%~30%。因其皮壳粗硬，需破碎或发芽后少量搭配饲喂。

饲料用大麦的质量要求：水分含量小于12.5%，异物含量小于2%，比重为0.64~0.72千克/升，无霉变、异味、发芽、虫蛀。饲料用大麦的质量指标及分级标准见表1-10。

表1-10 饲料用大麦的质量指标及分级标准

质量指标	一级	二级	三级
粗蛋白质（%）	≥11.0	≥10.0	≥9.0
粗纤维（%）	<5.0	<5.5	<6.0
粗灰分（%）	<3.0	<3.0	<3.0

注：大麦各项质量指标含量均以87%干物质为基础。低于三级者为等外品。

5. 麦麸

麦麸包括小麦麸和大麦麸（彩图6），麦麸的粗纤维含量为8%~9%，代谢能一般为7.11~7.94兆焦/千克，粗蛋白质含量为13.5%~15.5%，各种成分比较均匀，且适口性好，是土鸡的常用饲料。麦麸的粗纤维含量高，容积大，具有轻泻作用。

饲料用小麦麸质量要求：水分含量小于13.5%，脂肪含量大于3.0%，无霉变、异味、虫蛀及外来异物。饲料用小麦麸的质量指标及分级标准见表1-11。

麦麸用于配合饲料中，在育雏期饲料中占5%~10%，在育成期和产蛋期饲料中占10%~20%；麦麸变质严重会影响土鸡的消化机能，造成腹泻等；因麦麸吸水性强，饲料中太多麦麸可限制土鸡采食量；麦麸为高磷低钙饲料，在治疗因缺钙引起的软骨病或佝偻病时，应提高钙用量。另外，磷过多影响铁吸收，治疗缺铁性贫血时应注意加大铁的补充量。

表 1-11　饲料用小麦麸的质量指标及分级标准

质量指标	一级	二级	三级
粗蛋白质（%）	≥15.0	≥13.0	≥11.0
粗纤维（%）	<9.0	<10.0	<11.0
粗灰分（%）	<6.0	<6.0	<6.0

注：小麦麸各项质量指标含量均以 86% 干物质为基础。低于三级者为等外品。

6. 米糠

米糠成分随加工大米精白的程度而有显著差异。其代谢能低，粗蛋白质含量高，富含 B 族维生素，含磷、镁和锰多，含钙少，含粗纤维多。

根据中华人民共和国农业行业标准 NY/T 122—1989《饲料用米糠》、NY/T 123—2019《饲料原料　米糠饼》及 NY/T 124—2019《饲料原料　米糠粕》的规定，把常用米糠、米糠饼及米糠粕按其所含有的粗蛋白质、粗纤维、粗灰分分为三级，饲料用米糠、米糠饼和米糠粕的质量指标及分级标准见表 1-12。饲料用米糠的质量要求为米糠呈浅黄色，无霉变、结块、异味、虫蛀及酸败味；水分含量小于 10.5%，脂肪含量大于 14.0%。

【注意】

一般在配合饲料中米糠用量可占 8%~12%，但雏鸡料中一般不宜使用米糠。饲喂米糠过多还会引起腹泻和产生软脂肉。米糠含油脂较多，久贮易变质。

表 1-12　饲料用米糠、米糠饼和米糠粕的质量指标及分级标准

	质量指标	一级	二级	三级
米糠	粗蛋白质（%）	≥13.0	≥12.0	≥11.0
	粗纤维（%）	<6.0	<7.0	<8.0
	粗灰分（%）	<8.0	<9.0	<10.0
米糠饼	粗蛋白质（%）	≥14.0	≥13.0	≥12.0
	粗纤维（%）	<8.0	<10.0	<12.0
	粗灰分（%）	<9.0	<10.0	<12.0
米糠粕	粗蛋白质（%）	≥15.0	≥14.0	≥13.0
	粗纤维（%）	<8.0	<10.0	<12.0
	粗灰分（%）	<9.0	<10.0	<12.0

注：米糠、米糠饼、米糠粕各项质量指标均以 86% 干物质为基础。低于三级者为等外品。

7. 油脂饲料

油脂饲料是指油脂（如豆油、玉米油、菜籽油、棕榈油等）和脂肪含量高的原料（如膨化大豆、大豆磷脂等）油脂饲料的代谢能是玉米的 2.25 倍。

【提示】

油脂饲料可作为脂溶性维生素的载体，还能提高日粮能量浓度，减少料末飞扬和饲料浪费。添加大豆磷脂能保护肝脏，提高肝脏解毒功能，保护黏膜的完整性，提高土鸡免疫系统活力和抵抗力。

油脂饲料的质量要求：总脂肪含量大于 90%，游离脂肪酸含量小于 10%，水分含量小于 1.5%，不溶性杂质含量小于 0.5%；不皂化值：动物油脂小于 1%，植物油脂小于 4%；碘价（用 100 克油脂进行碘加成反应，所吸收碘的克数称为碘价）：固体动物油脂为 40~52，

液态动物油脂为 52~60,动植物混合油脂为 60~100,榨油皂脚油为 100~150,大豆油和玉米油皂脚油 100~150,其他为 140 以上。

【注意】

在饲料中添加 3%~5% 的脂肪,可以提高雏鸡的日增重,保证土鸡夏季能量的摄入量和减少热增耗,降低饲料消耗量。但添加脂肪的同时要相应提高其他营养物质的水平。注意脂肪易氧化、酸败和变质。

二、蛋白质饲料

饲料干物质中粗蛋白质含量在 20% 以上,粗纤维含量低于 18% 的饲料均属蛋白质饲料。根据其来源可分为植物性蛋白质饲料、动物性蛋白质饲料和微生物蛋白质饲料。

1. 大豆粕(饼)

大豆粕或大豆饼(彩图 7)含粗蛋白质 40%~45%,赖氨酸含量高,适口性好。经加热处理的大豆粕(饼)是土鸡最好的植物性蛋白质饲料。

【提示】

生大豆中含有抗胰蛋白酶、皂苷、脲酶等有害物质。榨油过程中,加热不良的大豆粕(饼)中会含有这些物质,影响蛋白质利用率,可降低土鸡的生产性能,导致雏鸡脾脏肿大;经过 158℃加热的大豆粕严重的可使土鸡的增重和饲料转化率下降,如果此时补充赖氨酸为主的添加剂,土鸡的体重和饲料转化率下降均可得到改善。

饲料用大豆粕(饼)的质量要求:大豆粕呈黄褐色或浅黄色不规则的碎片状(大豆饼呈黄褐色饼状或小片状),色泽一致,无发酵、霉变、结块及异味异臭。水分含量不得超过 13.0%。不得掺入大豆粕

（饼）以外的物质，若加入抗氧化剂、防霉剂等添加剂，应做相应的说明。饲料用大豆粕（饼）的质量指标及分级标准见表1-13。

表1-13 饲料用大豆粕（饼）的质量指标及分级标准

质量指标	一级	二级	三级
粗蛋白质（%）	≥44.0（41.0）	≥42.0（39.0）	≥40.0（37.0）
粗纤维（%）	<5.0（5.0）	<6.0（6.0）	<7.0（7.0）
粗灰分（%）	<6.0（6.0）	<7.0（7.0）	<8.0（8.0）
粗脂肪（%）	<（8.0）	<（8.0）	<（8.0）

注：大豆粕（饼）各项质量指标含量均以87%干物质为基础。低于三级者为等外品。表中括号内的数据为大豆饼的指标。

【注意】

一般在配合饲料中大豆粕（饼）的用量可占15%~25%。由于大豆粕（饼）的蛋氨酸含量低，与其他饼粕类或鱼粉等配合使用效果更好。

2. 花生仁粕（饼）

花生仁粕（饼）的粗蛋白质含量略高于大豆粕（饼），为42%~48%，精氨酸和组氨酸含量高，赖氨酸含量低，适口性好于大豆粕（饼）。

【提示】

花生仁饼脂肪含量高，不耐贮藏，易染上黄曲霉而产生黄曲霉毒素。

饲料用花生仁粕（饼）的质量要求：花生仁粕呈新鲜的黄褐色或浅褐色碎屑状（花生仁饼呈小瓦片状或圆扁块状），色泽一致，无发酵、霉变、结块及异味。水分含量不得超过12.0%。不得掺入花生仁粕（饼）以外的物质。饲料用花生仁粕（饼）的质量指标及分级标准见表1-14。

表1-14 饲料用花生仁粕（饼）的质量指标及分级标准

质量指标	一级	二级	三级
粗蛋白质（%）	≥51.0（48.0）	≥42.0（40.0）	≥37.0（36.0）
粗纤维（%）	<7.0（7.0）	<9.0（9.0）	<11.0（11.0）
粗灰分（%）	<6.0（6.0）	<7.0（7.0）	<8.0（8.0）

注：花生仁粕（饼）各项质量指标含量均以88%干物质为基础。低于三级者为等外品。表中括号内的数据是花生仁饼的指标。

【注意】

一般在配合饲料中花生仁粕（饼）的用量可占15%~20%。与大豆粕（饼）配合使用效果较好。生长黄曲霉的花生仁粕（饼）不能使用。

3. 棉籽粕（饼）

带壳榨油的称棉籽粕或棉籽饼，脱壳榨油的称棉仁粕或棉仁饼，前者含粗蛋白质17%~28%；后者含粗蛋白质39%~40%。

饲料用棉籽粕（饼）的质量要求：棉籽粕呈新鲜的黄褐色，（棉籽饼呈小瓦片状或圆扁块状），色泽一致，无发酵、霉变、结块及异味。水分含量不得超过12.0%。不得掺入棉籽粕（饼）以外的物质，若加入抗氧化剂、防霉剂等添加剂，应做相应的说明。饲料用棉籽粕（饼）的质量指标及分级标准见表1-15。

表1-15 饲料用棉籽粕（饼）的质量指标及分级标准

质量指标	一级	二级	三级
粗蛋白质（%）	≥51.0（40.0）	≥42.0（36.0）	≥37.0（32.0）
粗纤维（%）	<7.0（10.0）	<9.0（12.0）	<11.0（14.0）
粗灰分（%）	<6.0（6.0）	<7.0（7.0）	<8.0（8.0）

注：棉籽粕（饼）各项质量指标含量均以88%干物质为基础。低于三级者为等外品。表中括号内的数据是棉籽饼的指标。

【提示】

普通的棉籽中含有色素腺体,色素腺体内含有对动物有害的棉酚,在棉籽粕(饼)中残留的油分中环丙烯类脂肪酸含量为1%~2%,这种物质可以加重棉酚引起的土鸡蛋黄变稀、变硬症状,同时可以引起蛋清呈现出粉红色。

【注意】

棉籽粕(饼)喂前应采用脱毒措施,未经脱毒的棉籽粕(饼)喂量不能超过配合饲料的3%~5%。

4. 菜籽粕(饼)

菜籽粕或菜籽饼(彩图8)含粗蛋白质35%~40%,赖氨酸比大豆粕(饼)低50%,含硫氨基酸含量高于大豆粕(饼)14%,粗纤维含量为12%,有机质消化率为70%。可代替部分大豆粕(饼)喂土鸡。但菜籽粕(饼)中含有毒物质(芥子酶)。

饲料用菜籽粕(饼)的质量要求:菜籽粕呈黄色或浅褐色,碎片或粗粉状(菜籽饼呈褐色,小瓦片状、片状或饼状),具有油香味,无发酵、霉变、结块及异味。水分含量不得超过12.0%。不得掺入菜籽粕(饼)以外的物质。饲料用菜籽粕(饼)的质量指标及分级标准见表1-16。

表1-16 饲料用菜籽粕(饼)的质量指标及分级标准

质量指标	一级	二级	三级
粗蛋白质(%)	≥40.0(37.0)	≥37.0(34.0)	≥33.0(30.0)
粗纤维(%)	<12.0(14.0)	<12.0(14.0)	<14.0(14.0)
粗灰分(%)	<8.0(12.0)	<8.0(12.0)	<9.0(12.0)
粗脂肪(%)	<3.0(10.0)	<3.0(10.0)	<3.0(10.0)

注:菜籽粕(饼)各项质量指标含量均以87%干物质为基础。低于三级者为等外品。表中括号内的数据为菜籽饼的指标。

第一章
土鸡的营养需要及常用饲料原料

【注意】

未经脱毒处理的菜籽粕（饼），产蛋土鸡用量不超过5%，用量为10%时，土鸡的死亡率增加，产蛋率、蛋重及哈氏单位下降，甲状腺肿大。菜籽粕（饼）饲喂产褐壳蛋的土鸡，产出的蛋会带有鱼腥味。

5. 芝麻粕（饼）

芝麻粕（饼）（彩图9）含粗蛋白质40%左右，蛋氨酸含量高，适当与大豆粕（饼）搭配饲喂土鸡，能提高蛋白质的利用率。

【提示】

因芝麻粕（饼）含草酸、植酸等抗营养因子，影响钙、磷吸收，会造成土鸡脚软症，使用时饲料中需添加植酸酶。

芝麻粕（饼）的质量要求：水分含量小于7.0%、粗蛋白质含量大于或等于44.0%、粗脂肪含量大于5.0%、粗纤维含量小于6.0%、粗灰分含量小于11.0%、盐酸不溶物含量小于1.5%；色泽新鲜一致，无发霉、变质、虫蛀、结块，不带异味，不得掺杂芝麻粕（饼）以外的物质。

【注意】

配合饲料中芝麻粕（饼）的用量为5%~10%。用量过高时，有引起生长抑制和发生腿病的可能，雏鸡不用；芝麻粕（饼）含脂肪多而不宜久贮，最好现粉碎现喂。

6. 向日葵仁饼

优质的向日葵仁饼含粗蛋白质40%以上、粗脂肪5%以下、粗纤维10%以下，B族维生素含量比大豆粕（饼）高。

向日葵仁饼的质量要求：水分含量小于10.0%，粗蛋白质含量大于28%，粗脂肪含量大于2.0%，粗纤维含量小于24.0%，粗灰分含量小于9.0%；色泽一致，呈黄灰色片状或块状，无发酵、霉变、异味，不得掺入向日葵仁饼以外的物质。

【注意】

一般在配合饲料中向日葵仁饼的用量可占10%~20%。带壳的向日葵饼不宜饲喂土鸡。

7. 亚麻仁粕（饼）

亚麻仁粕（饼）的蛋白质品质较差，赖氨酸和蛋氨酸含量少，色氨酸含量高达0.45%。

饲料用亚麻仁粕（饼）的质量要求：水分含量小于9.5%，粗脂肪含量大于4.0%，氢氰酸含量小于350毫克/千克；色泽新鲜一致，呈褐色，有油香味，无发酵、霉变、虫蛀、结块及异味。饲料用亚麻仁粕（饼）的质量指标及分级标准见表1-17。

表1-17 饲料用亚麻仁粕（饼）的质量指标及分级标准

质量指标	一级	二级	三级
粗蛋白质（%）	≥35.0（32.0）	≥32.0（30.0）	≥29.0（28.0）
粗纤维（%）	<9.0（8.0）	<10.0（9.0）	<11.0（10.0）
粗灰分（%）	<8.0（6.0）	<8.0（7.0）	<8.0（8.0）

注：亚麻仁粕（饼）各项质量指标含量均以87%干物质为基础。低于三级者为等外品。表中括号内的数据为亚麻仁饼的指标。

【注意】

亚麻仁粕（饼）含抗吡哆醇因子和能产生氰氢酸的糖苷，适口性差，具轻泻性，代谢能低，维生素K、赖氨酸、蛋氨酸含量较低，赖氨酸与精氨酸比例失调。土鸡6周龄前的日粮中不使用亚麻饼，育成鸡和母鸡日粮中用量可达5%，同时将维生素B_6的用量加倍。

8. 玉米蛋白粉

玉米蛋白粉（彩图10）与玉米麸不同，它是玉米脱胚芽、粉碎及水选制取淀粉后的脱水副产品，是有效能值较高的蛋白质类饲料原料，其氨基酸利用率可达大豆粕（饼）的水平，蛋白质含量高达50%~60%。它高能、高蛋白，蛋氨酸、胱氨酸、亮氨酸含量丰富，叶黄素含量高，有利于鸡蛋及皮肤着色。

饲料用玉米蛋白粉的质量要求：玉米蛋白粉呈浅黄色、金黄色或橘黄色，色泽均匀，多数为固体状，少数为粉状，具有发酵气味；无发霉、变质、虫蛀、结块，不带异味，不得掺杂玉米蛋白粉外的其他物质。加入抗氧化剂、防霉剂等添加剂，应做相应的说明。饲料用玉米蛋白粉的质量指标及分级标准见表1-18。

表1-18 饲料用玉米蛋白粉的质量指标及分级标准

质量指标	一级	二级	三级
粗蛋白质（%）	≥60.0	≥55.0	≥50.0
粗纤维（%）	≤3.0	≤4.0	≤5.0
粗灰分（%）	≤2.0	≤3.0	≤4.0
粗脂肪（%）	≤5.0	≤8.0	≤10.0

注：玉米蛋白粉各项质量指标含量均以87%干物质为基础。低于三级者为等外品。

【注意】

玉米蛋白粉中赖氨酸、色氨酸含量低，氨基酸欠平衡，黄曲霉毒素含量高，蛋白质含量越高，叶黄素含量也高。

9. 玉米胚芽粕（饼）

玉米胚芽粕（饼）（彩图11）是以玉米胚芽为原料，经压榨或浸提取油后的副产品。玉米胚芽粕（饼）中含粗蛋白质18%~20%、粗脂肪1%~2%、粗纤维11%~12%。其氨基酸含量低于玉米蛋白粉，氨基酸较平衡，赖氨酸、色氨酸、维生素含量较高。

玉米胚芽粕（饼）的质量要求：色浅，无发酵、霉变、结块，异味及杂物；水分含量小于 10.0%、粗蛋白质含量大于 20.0%、粗脂肪含量大于 1.5%、粗纤维含量小于 11.0%、粗灰分含量小于 2.5%。

【注意】

玉米胚芽粕（饼）的代谢能随其含油量高低而变化，品质变化较大，黄曲霉毒素含量高。由于含有较多的纤维质，所以对土鸡的饲喂量应受到限制，产蛋鸡不超过5%。肉用雏鸡可不加。

10. 酒糟蛋白饲料

酒糟蛋白饲料为含有可溶固形物的干酒糟（彩图12）。在以玉米为原料发酵制取乙醇过程中，其中的淀粉转化成乙醇和二氧化碳，其他营养成分如蛋白质、脂肪、纤维等均留在酒糟中。同时，由于微生物的作用，酒糟中蛋白质、B族维生素及氨基酸的含量均比玉米有所增加，并含有发酵中生成的未知促生长因子。市场上的玉米酒糟蛋白饲料产品有两种：一种为DDG（Distillers Dried Grains），是将玉米酒糟进行简单过滤，排放掉滤清液，只对滤渣单独干燥而获得的饲料；另一种为DDGS（Distillers Dried Grains with Solubles），是将滤清液干燥浓缩后再与滤渣混合干燥而获得的饲料。后者的能量和营养物质总量均明显高于前者。酒糟蛋白饲料蛋白质含量高（DDGS的蛋白质含量在26%以上），富含B族维生素、矿物质和未知生长因子，促使皮肤发红。

酒糟蛋白饲料的质量要求：色泽一致，呈褐色，无霉变、虫蛀、结块及异味；水分含量小于 8.0%、粗蛋白质含量大于 27.0%、粗脂肪含量大于 6.0%、粗纤维含量小于 10.0%、粗灰分含量小于 8.0%；赖氨酸含量偏低，品质变化较大，添加量过大会影响土鸡繁殖率。

【注意】

DDGS 是优秀的必需脂肪酸、亚油酸来源，可以与其他饲料配合，成为种鸡和产蛋鸡的饲料。因其含有未知生长因子，故有利于产蛋鸡和种鸡的产蛋和孵化，也可减少脂肪肝的发生，其用量不宜超过 10%。

【提示】

DDGS 水分含量高，且谷物已破损，容易生长霉菌，因此霉菌毒素含量很高，可能存在多种霉菌毒素，会引起土鸡的霉菌毒素中毒症。导致土鸡免疫低下，易发病，生产性能下降。所以必须使用防霉剂和广谱霉菌毒素吸附剂。其不饱和脂肪酸的含量高，容易发生氧化，对土鸡健康不利，会造成代谢能下降，影响生产性能和产品质量，所以要使用抗氧化剂；DDGS 中的纤维含量高，单胃动物不能利用，应使用酶制剂提高土鸡对纤维的利用率。另外，有些 DDGS 产品可能含有植物凝集素、棉酚等，加工后活性会大幅度降低。

11. 啤酒糟

啤酒糟（彩图 13）是啤酒工业的主要副产品，是以大麦为原料，经发酵提取籽实中可溶性碳水化合物后的残渣。啤酒糟的干物质中含粗蛋白质 25.13%、粗脂肪 7.13%、粗纤维 13.81%、灰分 3.64%、钙 0.4%、磷 0.57%；在氨基酸组成上，含赖氨酸 0.95%、蛋氨酸 0.51%、胱氨酸 0.30%、精氨酸 1.52%、异亮氨酸 1.40%、亮氨酸 1.67%、苯丙氨酸 1.31%、酪氨酸 1.15%；亚油酸含量高；锰、铁、铜等微量元素丰富；含多种消化酶。

【注意】

啤酒糟以戊聚糖为主,对雏鸡营养价值低。虽具芳香味,但含生物碱,适口性差,少量使用有助于消化。

啤酒糟的质量要求:色泽新鲜一致,无霉变、虫蛀、结块及异味;水分含量小于 8.0%(10.0%)、粗蛋白质含量大于 22.0%(25.0%)、粗脂肪含量大于 5.0%(5.0%)、粗纤维含量小于 15.0(15.0%)、粗灰分含量小于 7.0%(7.0%)。

12. 饲料酵母

饲料酵母为用作土鸡饲料的酵母菌体,包括所有用单细胞微生物生产的单细胞蛋白。它呈浅黄色或褐色粉末或颗粒状,蛋白质含量高,维生素含量丰富,特别是 B 族维生素含量丰富,赖氨酸含量高,具有酵母香味。饲料酵母的组成与菌种、培养条件有关,含菌体蛋白 4%~6%,一般含蛋白质 40%~65%、脂肪 1%~8%、糖类 25%~40%、灰分 6%~9%,其中含有约 20 种氨基酸。在谷物中含量较少的赖氨酸、色氨酸,在饲料酵母中比较丰富;特别是在配合添加蛋氨酸时,其可利用氮含量比大豆高 30% 左右。饲料酵母的发热量相当于牛肉,又由于含有丰富的 B 族维生素,通常作为补充蛋白质和维生素的饲料。用于土鸡可以收到增强体质、减少疾病、增重快、产蛋多等良好经济效果。

饲料酵母的质量指标及分级标准见表 1-19。

表 1-19　饲料酵母的质量指标及分级标准

	质量指标	优等品	一等品	合格品
感观指标	色泽	浅黄色	浅黄色至褐色	浅黄色至褐色
	气味	具有酵母的特殊气味,无异臭味		
	粒度	应通过 SSW 0.400/0.250 毫米的试验筛		
	杂质	无异物		

（续）

质量指标		优等品	一等品	合格品
理化指标	水分（%）	≤8.0	≤9.0	≤9.0
	灰分（%）	≤8.0	≤9.0	≤10.0
	碘反应（以碘液检查）	不得呈蓝色	不得呈蓝色	不得呈蓝色
	细胞数/(亿个/克)	≥270	≥180	≥150
	粗蛋白质（%）	≥45	≥40	≥40
	粗纤维（%）	≤1.0	≤1.0	≤1.5
卫生指标	砷（以As计，毫克/千克）	≤10	≤10	≤10
	重金属（以Pb计，毫克/千克）	≤10	≤10	≤10
	沙门菌	不得检出	不得检出	不得检出

【注意】

酵母品质因反应底物不同而有差异，可通过显微镜检测酵母细胞总数判断酵母质量。因饲料酵母中缺乏蛋氨酸，饲喂土鸡时需要与鱼粉搭配。由于其价格较高，所以无法普遍使用。

13. 鱼粉

鱼粉的蛋白质含量高达45%~60%，氨基酸齐全平衡，富含赖氨酸、蛋氨酸、胱氨酸和色氨酸。鱼粉中含有丰富的维生素A和B族维生素，特别是维生素B_{12}。其还含有钙、磷、铁、未知生长因子和脂肪。

鱼粉的质量指标应符合相关饲料标准的规定，鱼粉中不得有虫寄生。饲料用鱼粉的质量指标及分级标准见表1-20。

表1-20 饲料用鱼粉的质量指标及分级标准

	质量指标	特级品	一级品	二级品	三级品
感官指标	色泽	红鱼粉呈黄棕色、白鱼粉呈黄白色			
	组织	膨松，纤维状组织较明显，无结块，无霉变	较膨松，纤维状组织较明显，无霉变	无结块，无霉变	松软粉状物，无结块，无霉变
	气味	有鱼香味，无焦灼味和油脂酸败味	具有鱼粉正常气味，无异臭，无焦灼味和油脂酸败味		
理化指标	粗蛋白质（%）	≥65	≥60	≥55	≥50
	粗脂肪（%）	≤11（红鱼粉） ≤9（白鱼粉）	≤12（红鱼粉） ≤10（白鱼粉）	≤13	≤14
	水分（%）	≤10	≤10	≤10	≤10
	盐分（以NaCl计）（%）	≤2	≤3	≤3	≤4
	灰分（%）	≤16（红鱼粉） ≤18（白鱼粉）	≤18（红鱼粉） ≤20（白鱼粉）	≤20	≤23
	砂分（%）	≤1.5	≤2	≤3	≤3
	赖氨酸（%）	≥4.6（红鱼粉） ≥3.6（白鱼粉）	≥4.4（红鱼粉） ≥3.4（白鱼粉）	≥4.2	≥3.8

（续）

质量指标		特级品	一级品	二级品	三级品
蛋氨酸（%）		≥1.7（红鱼粉） ≥1.5（白鱼粉）	≥1.5（红鱼粉） ≥1.3（白鱼粉）	≥1.3	≥1.3
胃蛋白酶消化率（%）		≥90（红鱼粉） ≥88（白鱼粉）	≥88（红鱼粉） ≥86（白鱼粉）	≥85	≥85
挥发性盐基氮（VBN）/(毫克/100克)		≤110	≤130	≤150	≤150
理化指标	油脂酸价（KOH）/(毫克/克)	≤3	≤3	≤7	≤7
	尿素（%）	≤0.3	≤0.7	≤0.7	≤0.7
	组胺/(毫克/千克)	≤300（红鱼粉） ≤40（白鱼粉）	≤500（红鱼粉） ≤40（白鱼粉）	≤1000（红鱼粉） ≤40（白鱼粉）	≤1500（红鱼粉） ≤40（白鱼粉）
	铬（以6价铬计）/(毫克/千克)	≤8	≤8	≤8	≤8
	粉碎粒度（%）	≥98%（通过孔径为2.80毫米的标准筛）			
	杂质（%）	鱼粉中不允许添加非鱼粉原料的含氮物质，如植物油饼粕、皮革粉、羽毛粉、尿素、血粉等，也不允许添加加工鱼粉后的废渣			

【注意】

一般在配合饲料中鱼粉的用量可占 5%~15%。用它来补充植物性饲料中限制性氨基酸不足效果很好；但其易感染沙门菌，且国产鱼粉含盐量变化较大，使用时应防止食盐中毒。

真假鱼粉的鉴别技巧见图 1-5。

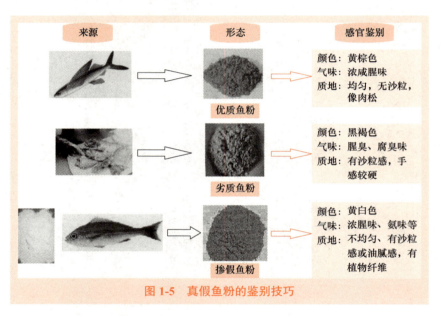

图 1-5　真假鱼粉的鉴别技巧

14. 血粉

血粉含粗蛋白质 80% 以上，赖氨酸含量为 6%~7%，但蛋氨酸和异亮氨酸含量较少，异亮氨酸严重缺乏，利用率低。饲料用血粉的质量指标及分级标准见表 1-21。

【注意】

血粉的适口性差，在日粮中用量过多，易引起腹泻，一般其用量占日粮 1%~3%。

第一章 土鸡的营养需要及常用饲料原料

表 1-21 饲料用血粉的质量指标及分级标准

质量指标	一级	二级
粗蛋白质（%）	≥80	≥70
水分（%）	≤10	≤10
粗纤维（%）	≤1	≤1
灰分（%）	≤4	≤6
性状	干燥粉粒状物	
气味	具有血制品固有气味，无腐败变质气味	
色泽	暗红色或褐色	
粉碎粒度	能通过孔径为 2~3 毫米的孔筛	
杂质	不含砂石等杂质	

15. 肉骨粉

肉骨粉（彩图 14）的粗蛋白质含量达 40% 以上，蛋白质消化率高达 80%，赖氨酸、脯氨酸、甘氨酸含量高，维生素 B_{12}、烟酸、胆碱含量丰富，钙、磷含量高且比例合适（2∶1），蛋氨酸和色氨酸含量较少。

饲料用肉骨粉的质量要求：饲料用肉骨粉为黄至黄褐色的油性粉状物，具有肉骨粉固有气味，无腐败气味。除不可避免的少量混杂外，不应添加毛发、蹄、羽毛、血、皮革、胃肠内容物及非蛋白含氮物质。不得使用发生疫病的动物废弃组织及骨头加工饲料用肉骨粉。加入抗氧化剂时应标明其名称。饲料用肉骨粉应符合《动物源性饲料产品安全卫生管理办法》，应符合国家检疫有关规定，应符合 GB 13078—2017《饲料卫生标准》的规定；不得检出沙门菌。铬含量小于或等于 5 毫克/千克、总磷含量大于或等于 3.5%、粗脂肪含量小于或等于 12.0%、粗纤维含量小于或等于 3.0%，钙含量应为总磷含量的 180%~220%。以粗蛋白质、赖氨酸、胃蛋白酶消化率、油脂酸价、挥发性盐基氮、水分、粗灰分为质量指标，饲料用肉骨粉的质量指标及分级标准见表 1-22。

表 1-22　饲料用肉骨粉的质量指标及分级标准

质量指标	一级	二级	三级
粗蛋白质（%）	≥50	≥45	≥40
赖氨酸（%）	≥2.4	≥2.0	≥1.6
胃蛋白酶消化率（%）	≥88	≥86	≥84
油脂酸价（KOH）/(毫克/克)	≤5	≤7	≤9
挥发性盐基氮/(毫克/100克)	≤130	≤150	≤170
水分（%）	≤8	≤10	≤10
粗灰分（%）	≤33	≤38	≤43

【注意】

肉骨粉易变质，不易保存，一般在配合饲料中用量在 5% 左右。

16. 蚕蛹粉

蚕蛹粉含粗蛋白质约 68% 且蛋白质品质好，限制性氨基酸含量高，是土鸡的良好蛋白质饲料。蚕蛹中还含有一定量的几丁质，它是构成虫体外壳的成分；矿物质中钙、磷比例为 1∶(4~5)，也是较好的钙、磷饲料；蚕蛹中还富含各种必需氨基酸，如赖氨酸、含硫氨基酸及色氨酸含量都较高；含有较高的不饱和脂肪酸，特别是亚油酸和亚麻酸。

饲料用蚕蛹粉的质量要求：色泽新鲜一致，呈褐色，无发霉、腐败及异臭气味，不得掺杂除蚕蛹粉外的其他物质。饲料用蚕蛹粉的质量指标及分级标准见表 1-23。

表 1-23 饲料用蚕蛹粉的质量指标及分级标准

质量指标	一级	二级	三级
粗蛋白质（%）	≥50.0	≥45.0	≥40.0
粗纤维（%）	≤4.0	≤5.0	≤6.0
粗灰分（%）	≤4.0	≤5.0	≤6.0
粗脂肪（%）	≤5.0	≤8.0	≤10.0

注：蚕蛹粉各项质量指标含量均以87%干物质为基础。低于三级者为等外品。

【注意】

蚕蛹粉含有异臭味，使用时要注意添加量，以免影响全价配合饲料的适口性。其脂肪含量高，不耐贮存。一般在配合饲料中用量占5%~10%。

17. 羽毛粉（彩图15）

水解羽毛粉含粗蛋白质近80%，胱氨酸含量丰富，蛋氨酸、赖氨酸、色氨酸和组氨酸含量低，使用时要注意氨基酸平衡问题，应该与其他动物性饲料配合使用。

饲料用水解羽毛粉为土鸡屠体脱毛的羽毛及羽绒制品筛选后的毛梗，经清洗、高温高压水解处理，干燥和粉碎后制成的细粉粒状物质。其感官指标的具体要求是：黄色、黄褐色或褐色粉末状颗粒，具有水解羽毛粉正常气味，无结块、无异味、无霉变。饲料用水解羽毛粉的质量指标及分级标准见表1-24。

表 1-24 饲料用水解羽毛粉的质量指标及分级标准

质量指标	一级	二级
粗蛋白质（%）	≥80	≥75
未水解的羽毛粉（%）	≤10	≤10

(续)

质量指标	一级	二级
粗脂肪（%）	≤5	≤5
胱氨酸（%）	≥3	≥3
灰分（%）	≤4	≤6
水分（%）	≤10	≤10
砂分（%）	≤2	≤3
胃蛋白酶-胰蛋白酶复合酶消化率（%）	≥80	≥70
粉碎粒度	通过孔径不大于3毫米的标准筛	
卫生要求	原料羽毛或水解羽毛粉不得检出沙门菌；每百克水解羽毛粉中大肠菌群（MPN/100克）允许量小于1×10^4；每千克水解羽毛粉中砷的允许量不大于2毫克	

羽毛粉多为角蛋白，氨基酸组成极不平衡，利用率低。一般在配合饲料中用量以2%~3%为宜，最多不超过5%。在土鸡饲料中添加羽毛粉可以预防和减少啄癖。

三、矿物质饲料

矿物质饲料是为了补充植物性和动物性饲料中某种矿物质元素的不足而利用的一类饲料。大部分饲料中都含有一定量矿物质，土鸡在散养和低产的情况下，看不出明显的矿物质缺乏症；但在舍饲、笼养、高产的情况下，矿物质需要量增多，必须在饲料中补加。

1. 骨粉和磷酸氢钙

骨粉和磷酸氢钙均含有大量的钙和磷，而且比例合适，主要用于补充饲料中磷的不足。在配合饲料中用量可占1.5%~2.5%。

2. 贝壳粉、石粉和蛋壳粉

贝壳粉是最好的钙质矿物质饲料，含钙量高，又容易吸收。在配合饲料中用量可占 1.5%~2.5%；石粉和石粒价格便宜，含钙量高，但土鸡吸收能力差；蛋壳粉可以自制，将各种蛋壳经水洗、煮沸和晒干后粉碎即成，吸收率也较好。

【注意】

对于贝壳粉、石粉和蛋壳粉在土鸡配合饲料中用量，育雏及育成阶段、肉用鸡为 1%~2%。产蛋阶段为 6%~7%。使用蛋壳粉要严防传播疾病。

3. 食盐

食盐主要用于补充土鸡体内的钠和氯，保证土鸡正常新陈代谢，还可以增进土鸡的食欲。用量可占配合饲料的 3%~3.5%。

4. 沸石

沸石属于硅酸盐矿物，在自然界中多达 40 多种。沸石中含有磷、铁、铜、钠、钾、镁、钙、银、钡等 20 多种矿物质元素，是一种质优价廉的矿物质饲料。其在配合饲料中用量可占 1%~3%。沸石可以降低土鸡舍内有害气体含量，保持舍内干燥，苏联称其为"卫生石"。

饲料用沸石的质量指标及分级标准见表 1-25。

表 1-25 饲料用沸石的质量指标及分级标准

质量指标	一级	二级
吸氨量/（毫摩尔/100 克）	≥100	≥90
干燥失重（%）	≤6	≤10
砷（As）含量（%）	≤0.002	≤0.002
铅（pb）含量（%）	≤0.002	≤0.002

(续)

质量指标	一级	二级
汞（Hg）含量（%）	≤0.0001	≤0.0001
镉（Cd）含量（%）	≥0.001	≥0.001
细度（通过孔径为0.9毫米的试验筛）（%）	≤95	≤95

5. 沙砾

沙砾（彩图16）有助于肌胃中饲料的研磨，起到"牙齿"的作用。土鸡吃不到沙砾，饲料消化率要降低20%~30%。沙砾应不溶于盐酸。

四、维生素饲料

主要提供各种维生素的饲料是维生素饲料，包括青菜类、块茎类、水草类、草粉和叶粉、青绿多汁饲料等。常用的有白菜、胡萝卜、野菜类和干草粉（苜蓿草粉、槐叶粉和松针粉）等。青绿多汁饲料含胡萝卜素较多，某些B族维生素含量丰富，还含有一些微量元素，对于土鸡的生长、繁殖及维持健康均有良好作用。饲喂青绿多汁饲料应注意其质量，以幼嫩时期或绿叶部分含维生素较多。饲用时禁止使用腐烂、变质、发霉的饲料，并应在土鸡群中定时驱虫。一般维生素饲料用量占精饲料的20%~30%。

1. 青菜类

人工种植的各种青菜和无毒的野菜等均为良好的维生素饲料。

2. 块茎类

块茎类容易贮存，是适于秋冬季节饲喂的维生素饲料。如胡萝卜中胡萝卜素含量高，洗净后切碎，用量占精饲料的20%~30%。

3. 水草类

生长在池沼和浅水中的藻类等也是较好的维生素饲料，水草中含有丰富的胡萝卜素，有时还带有螺蛳、小鱼等动物。

4. 草粉和叶粉

草粉（彩图17）含有大量的维生素和矿物质，对土鸡产蛋、蛋的孵化品质均有良好的作用。叶粉（青绿的嫩叶）也是良好的维生素饲料，如我国大面积种植刺槐，资源丰富，槐叶粉来源广阔，利用时应和林业生产相辅，选择适合的季节采集，合理利用。饲料中添加2%~5%的槐叶粉可明显地提高种蛋和商品蛋的蛋黄品质。

5. 青绿多汁饲料

青绿多汁饲料在土鸡的饲养中占有很重要的地位，土鸡饲喂一定量的青绿多汁饲料会增强其抗病力，使肉味鲜美、鸡蛋风味独特。因此，利用青绿多汁饲料饲喂土鸡，或在牧草地上放牧土鸡均可收到良好的效果。

【小经验】

舍内规模化饲养土鸡（彩图18）时，使用这些维生素饲料不方便，可利用人工合成的维生素添加剂来代替。

五、饲料添加剂

为了满足土鸡的营养需要，完善日粮的全价性，需要在饲料中添加原来含量不足或不含有的营养物质和非营养物质，以提高饲料转化率，促进土鸡的生长发育，防治某些疾病，减少饲料贮存期间营养物质的损失或改进产品品质等，这类物质称为饲料添加剂。

1. 维生素、微量元素添加剂

这类添加剂可分为雏鸡添加剂、育成鸡添加剂、产蛋鸡添加剂和种鸡添加剂等多种类型，添加时按药品说明决定用量，饲料中原有的含量只作为保险系数，计算时不予考虑。土鸡处于逆境时，如运输、转群、注射疫苗、断喙时对这类添加剂需要量加大。

2. 氨基酸添加剂

目前人工合成作为饲料添加剂进行大批量生产的是赖氨酸和蛋

氨酸。以大豆饼为主要蛋白质来源的日粮，添加蛋氨酸可以节省动物性饲料用量，大豆饼不足的日粮添加蛋氨酸和赖氨酸，可以大大强化饲料的蛋白质营养价值。在杂粕含量较高的日粮中添加氨基酸可以提高日粮消化利用率。

【提示】

生产中最常用的氨基酸添加剂是蛋氨酸和赖氨酸。

3. 中草药饲料添加剂

抗生素的使用在土鸡养殖业生产中起到了一定作用，但抗生素的残留问题越来越受到关注，许多抗生素被禁用或限用。中草药作为饲料添加剂，毒副作用小，不易在产品中残留，且具有多种营养成分和生物活性物质，兼具有营养和防病的双重作用。其天然、多能、营养的特点，可起到增强免疫作用、激素样作用、维生素样作用、抗应激作用、抗微生物作用等。具有广阔的使用前景。

4. 酶制剂

酶是动物、植物机体合成的具有特殊功能的蛋白质。酶是促进蛋白质、脂肪、碳水化合物消化的催化剂，并参与体内各种代谢过程的生化反应。在土鸡饲料中添加酶制剂，可以提高营养物质的消化率。常用的有单一酶制剂和复合酶制剂。

5. 微生态制剂

微生态制剂也称有益菌制剂或益生素（彩图19），是将动物体内的有益微生物经过人工筛选培育，再经过现代生物工程工厂化生产，专门用于动物营养保健的活菌制剂。微生态制剂的分类及作用见图1-6。

6. 酸制（化）剂

酸制（化）剂可以增加胃酸，激活消化酶，促进营养物质吸收，降低肠道pH，抑制有害菌感染。目前，国内外应用的酸制剂包括有机酸制剂（如柠檬酸、延胡索酸、乳酸、丙酸、苹果酸、戊酮酸、山梨酸、甲酸或蚁酸、乙酸或醋酸)、无机酸制剂(如盐酸、硫酸、磷酸)和复合酸制剂(利用几种特定的有机酸制剂和无机酸制剂复合而成)三大类。

图 1-6　微生态制剂的分类及作用

7. 低聚糖

低聚糖又名寡聚糖(彩图 20)，是由 2~10 个单糖通过糖苷键连接成直链或支链的小聚合物的总称。其种类很多，如异麦芽糖低聚糖、异麦芽酮糖、大豆低聚糖、低聚半乳糖、低聚果糖等。它们不仅具有低热、稳定、安全、无毒等良好的理化特性，而且由于其分子结构的特殊性，饲喂后不能被单胃动物消化道的酶消化利用，也不会被病原菌利用，而是直接进入肠道被乳酸菌、双歧杆菌等有益菌分解成单糖，再按糖酵解的途径被利用，促进有益菌的增殖和消化道的微生态平衡，对大肠杆菌、沙门菌等病原菌产生抑制作用。

8. 糖萜素

糖萜素是从油茶饼粕和菜籽饼粕中提取的，由 30% 的糖类、30% 的萜皂素和有机酸组成的天然生物活性物质。它可促进土鸡生长，提高其日增重和饲料转化率，增强土鸡的抗病力和免疫力，并有抗氧化、抗应激作用，可降低畜产品中锡、铅、汞、砷等有害元素的含量，改善并提高畜产品的色泽和品质。

9. 大蒜素

大蒜是餐桌上常备食物,有调味、刺激食欲和抗菌的作用,制成的大蒜素也有诱食、杀菌、促生长、提高饲料转化率和畜产品的品质的作用。

10. 驱虫保健剂

驱虫保健剂主要指一些抗球虫药物。目前用于防治球虫的添加剂很多,如球痢灵、氯胍、克球粉、鸡宝20、腐殖酸钠等,而土鸡对大部分药物均产生不同程度的抗药性。因此,交替使用几种抗球虫药物能收到较好效果。

11. 防霉（腐）剂和抗氧化剂

配合饲料保存时间较长时,容易发生氧化和霉变,尤其是在高温、高湿季节威胁更大。生产中常用防霉（腐）剂（丙酸钙、丙酸钠、克饲霉、霉敌等）和抗氧化剂（乙氧基喹啉、丁基化羟基甲苯等）进行防霉、防氧化。

12. 增色剂

增色剂对于土鸡来说很重要。金黄色的肉鸡屠体,橘黄色的蛋黄深受消费者欢迎。增色剂有天然和人工合成两种,土鸡应选用天然增色剂,以保证肉、蛋品质。玉米蛋白粉、苜蓿草粉、万寿菊花瓣粉、辣椒粉等含有大量的叶黄素,使用效果较好。

第三节　土鸡饲料资源的开发利用

一、青草的开发利用

豆科牧草经过加工生产成优质草粉可以作为土鸡饲料。苜蓿干草（彩图21）含有大量的维生素A、维生素B、维生素E等,并含14%左右的蛋白质,每千克苜蓿草粉还含有高达50~80毫克的胡萝卜素。苜蓿草粉的营养成分随生长时期的不同而不同（表1-26）。苜苜蓿草粉是在紫花盛花期前，将其刈割下来，经晒干或其他方法干燥、粉碎而制成。其他豆科植物干草（如红豆草、三叶草等）与苜蓿干草的营养价值大致相同，草粉用量可占日粮的 2%~7%。

表 1-26 苜蓿草粉干物质的成分变化

成分	现蕾前	现蕾期	盛花期
粗纤维（%）	22.1	26.5	29.4
粗蛋白质（%）	25.3	21.5	18.2
灰分（%）	12.1	9.5	9.8
可消化蛋白质（%）	21.3	17	14.5

【小经验】

用苜蓿草粉来饲喂土种鸡、蛋肉兼用型土鸡，可增加蛋黄的颜色深度，维持其皮肤、脚、趾的黄色。在土鸡饲料中的添加比例控制在 3% 左右。

二、树叶的开发利用

我国有丰富的林业资源，树叶数量大，除少数树种外，大多数树种的树叶都可以作为饲料。树叶营养丰富，经加工调制后，可以作为土鸡的饲料。

（1）影响树叶饲用价值的因素

1）树种。树叶的营养成分因树种而异。豆科植物、榆树的叶子及松针中粗蛋白质含量较高，按干物质量计，均在 20% 以上，而且还含有组成蛋白质的 18 种氨基酸；而槐树、柳树、梨树、桃树、枣树等树叶的有机物质含量、消化率、能值较高，土鸡的代谢能达 6.27 兆焦/千克。树叶中维生素含量也很高。据分析，柳树、桦树、榛树、赤杨等青叶中，胡萝卜素含量为 110~132 毫克/千克，紫穗槐青叶中胡萝卜素含量高达 270 毫克/千克，针叶中的胡萝卜素含量高达 197~344 毫克/

千克，此外还含有大量的维生素C、维生素E、维生素K、维生素D和维生素B_1等；松针粉含有土鸡所需的矿物质元素。有的树叶还含有激素，能刺激土鸡的生长，或含有抑制病原菌的杀菌素等。

2）生长时期。生长中的鲜嫩叶营养价值高，青落叶次之，可用于饲喂土鸡；枯黄叶营养价值最差。

3）树叶中所含的特殊成分。有些树叶营养成分含量较高，但因含有一些特殊成分，饲用价值降低。有的树叶含单宁，有苦涩味，如核桃、山桃、橡树、李树、柿树、毛白杨等树叶，必须经加工调制后再饲喂；有的树种到秋季单宁含量增加，如栗树、柏树等树叶秋季单宁含量达3%，有的高达5%~8%，应提前采摘，但应少量饲喂，少量饲喂能够收敛健胃；有的树叶有剧毒，如夹竹桃等，不能用作饲料。

(2) 树叶的采收方法 采收的方法对树叶的营养成分影响较大。采收树叶应在不影响树木正常生长的前提下进行，如果为了采收树叶而折枝毁树，不仅影响树木生长，而且破坏生态环境。树叶的采收方法：一是青刈法，适宜分枝多、生长快、再生力强的灌木，如紫穗槐等；二是分期采收法，对生长繁茂的树木，如洋槐、榆树、柳树、桑树等，可分期采收下部的嫩枝、树叶；三是落叶采集法，适宜落叶乔木，特别是高大不便采收的或不宜提前采收的树叶，如杨树叶等；四是剪枝法，对需要适时剪枝的树种或耐剪枝的树种，特别是道路两旁的树和各种果树，可采用剪枝法。

(3) 树叶的采收时间 树叶的采收时间依树种而异，松针可在春秋季节松脂率含量较低时采集；紫穗槐、洋槐，北方地区一般在7月底至8月初采收，最迟不要超过9月上旬；杨树叶可在秋末刚刚落叶时开始采收，而不能等落叶变枯黄再采收，还可以采收剪枝时的叶子；在秋末冬初时，结合修剪整枝，采收柑橘的枯叶和嫩枝。

(4) 树叶的加工方法

1）针叶的处理加工。松针粉（彩图22）中含有多种氨基酸、微量元素、植物杀菌素和维生素，具有防病抗病功效，饲喂土鸡可明显改善啄癖，提高产蛋率，改善皮肤、腿和爪的颜色及蛋黄颜色，使其更加鲜黄美观。针叶的加工利用流程见图1-7。

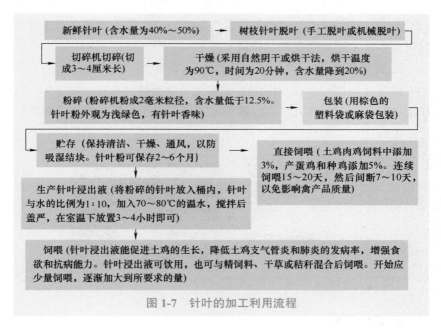

图1-7 针叶的加工利用流程

2）阔叶树树叶的处理加工。阔叶树树叶的处理加工利用流程见图1-8。

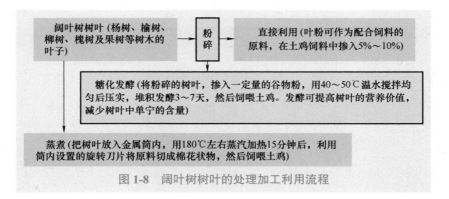

图1-8 阔叶树树叶的处理加工利用流程

三、动物性蛋白质饲料的开发利用

可以利用人工方法生产一些昆虫类、蚯蚓等动物性蛋白质直接饲喂土鸡,既保证充足的动物性蛋白质供应,促进生长和生产,降低饲料成本,又能够提高产品质量。

1. 诱捕昆虫

傍晚补饲期间,在鸡棚附近安装几个电诱捕昆虫灯(图1-9),这样昆虫就会从四面八方飞来,被等候在棚下的土鸡群吃掉。土鸡吃饱后,关灯让土鸡休息。

图1-9　电诱捕昆虫灯捕虫

2. 育虫养鸡

可以在放牧的地方育虫,直接让土鸡啄食。人工育虫方法见表1-27。

表1-27　人工育虫方法

名称	方法
稀粥育虫法	在放牧地不同区域选择多个地块,轮流泼稀粥,用草等盖好,2天后草下生虫,让土鸡轮流到各地块上去吃虫即可。育虫地块注意防雨淋,防水浸
混合育虫法	挖长宽各1米、深0.5米的土坑,底铺一层稻草,稻草上铺一层污泥,反复层层铺至坑满为止,以后每天往坑里浇水。经10余天即可生虫,可饲喂土鸡
腐草育虫法	在土质较肥沃处,挖宽约1.5米、长1.8米、深0.5米的土坑,坑底铺一层稻草,其上铺一层豆腐渣,然后再盖一层牛粪,牛粪上盖一层污泥,如此铺到坑满为止,最后盖一层草。经1周左右即生虫

（续）

名称	方法
牛粪育虫法	在牛粪中加入米糠或麦麸（1%）搅拌拌匀，堆在阴凉处，上盖杂草、秸秆等，后用污泥密封，经过20天即生虫
酒精育虫法	酒糟10千克加豆腐渣50千克混匀，在距离房屋较远处，堆成馒头形或长方形，过2~3天即生虫，5~6天后土鸡可采食

3. 养殖蝇蛆

蝇蛆含粗蛋白质59%~65%、脂肪2.6%~12%及丰富的氨基酸和微量元素，营养价值高于鱼粉。使用蝇蛆饲喂的土鸡，肌肉纤维细，肉质细嫩，口感爽脆，香味浓郁，补气补血。这种土鸡蛋富含人体所需的各种氨基酸、微量元素和多种维生素，特别是被称为抗癌之王的硒和锌的含量是普通鸡蛋的3~5倍。人工养殖蝇蛆的方法见图1-10。

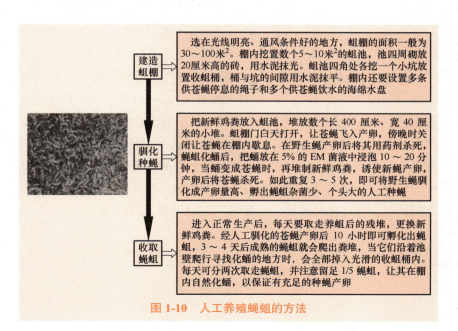

图1-10 人工养殖蝇蛆的方法

4. 养殖蚯蚓

蚯蚓含有丰富的蛋白质，适口性好、诱食性强，是土鸡的优质蛋白质饲料。另外，蚯蚓粪也可以作为饲料。蚯蚓养殖的方法见图 1-11。

简易养殖法	包括箱养、坑养、池养、棚养、温床养殖等，其具体做法就是在容器、坑或池中分层加入饲料和肥土，料土相同，然后投放种蚯蚓。这种方法可利用鸡舍前后的空地及旧容器、砖池、育苗温床等，来生产动物性蛋白质饲料，加工有机肥料，处理生活垃圾。其优点是就地取材、投资少，设备简单，管理方法简便，并可利用业余或辅助劳力，充分利用有机废物
田间养殖法	选用地势比较平坦，能灌能排的桑园、菜园、果园或饲料田，沿植物行间开沟槽，施入腐熟的有机肥料，上面用土覆盖10厘米左右，放入蚯蚓进行养殖，注意灌溉或排水，保持土壤含水量在30%左右。冬天可在地面覆盖塑料薄膜保温，以便促进蚯蚓活动和提高其繁殖能力。由于蚯蚓的大量活动，土壤疏松多孔，通透性能好，可以实行免耕。适宜放养土鸡的牧地养殖

图 1-11　蚯蚓养殖的方法

养殖蚯蚓饲料的制备方法：将粉碎的作物秸秆（40%）和粪便（60%）混合，加水拌匀（含水量控制在 40%~50%）至堆积后堆底边有水流出为止，堆成梯形或圆锥形，最后堆外面用塘泥封好或用塑料薄膜覆盖，以保温保湿。经 4~5 天，堆内的温度可达 50℃~60℃，待温度由高峰开始下降时，要翻堆（将上层的料翻到下层，四周翻到中间）进行二次发酵，达到无臭味、无酸味，质地松软不沾手，颜色为棕褐色，然后摊开放置，一般 pH 在 6.5~8.0 都可使用。

第二章
土鸡的饲养标准及饲料配制方法

第一节　土鸡的饲养标准

根据土鸡维持生命活动和从事各种生产，如产蛋、产肉等对能量和各种营养物质需要量的测定，并结合各地饲料条件及当地环境因素，制定出土鸡对能量、蛋白质、必需氨基酸、维生素和微量元素等的供给量或需要量，称为土鸡的饲养标准，并以表格形式以每天每只具体需要量或占日粮含量的百分数来表示。

土鸡的饲养标准有许多，但目前还没有统一的土鸡饲养标准，仅有一个适用于少数地方土鸡品种的饲养标准。而其他不同培育品种土鸡的饲养标准，都是由当地农业科学院、畜牧研究所、育种公司或大型养殖公司根据品种特点，结合自身的养殖经验制定出来的。生产中常用的土鸡饲养标准见表2-1~表2-13。

饲养标准中的营养指标，是在一定条件下的试验结果值，其适用性是有条件限制的。不同地区、季节的土鸡生产性能、饲料品质及质量、环境条件和经营管理方式等存在差异，并且这些差异还处于经常变化之中。因此，在应用饲养标准时，应按照实际生产水平、饲料、饲养条件等，对饲养标准中的营养指标酌情进行适当调整。

表 2-1 土鸡饲养标准

营养指标	后备鸡			产蛋鸡及种鸡			商品肉鸡	
	0~6周龄	7~14周龄	15~20周龄	产蛋率>80%	产蛋率为65%~80%	产蛋率<65%	0~4周龄	≥5周龄
代谢能/(兆焦/千克)	11.92	11.72	11.30	11.50	11.50	11.50	12.13	12.55
粗蛋白质（%）	18.00	16.00	12.00	16.50	15.00	15.00	21.00	19.00
钙（%）	0.80	0.70	0.60	3.50	3.40	3.40	1.00	0.90
总磷（%）	0.70	0.60	0.50	0.60	0.60	0.60	0.65	0.65
有效磷（%）	0.40	0.35	0.30	0.33	0.32	0.30	0.45	0.40
赖氨酸（%）	0.85	0.64	0.45	0.73	0.66	0.62	1.09	0.94
蛋氨酸（%）	0.30	0.27	0.20	0.36	0.33	0.31	0.46	0.36
色氨酸（%）	0.17	0.15	0.11	0.16	0.14	0.14	0.21	0.17
精氨酸（%）	1.00	0.89	0.67	0.77	0.70	0.66	1.31	1.13
维生素A/(国际单位/千克)	1500.00	1500.00	1500.00	4000.00	4000.00	4000.00	2700.00	2700.00
维生素D/(国际单位/千克)	200.00	200.00	200.00	500.00	500.00	500.00	400.00	400.00
维生素E/(国际单位/千克)	10.00	5.00	5.00	5.00	5.00	10.00	10.00	10.00
维生素K/(国际单位/千克)	0.50	0.50	0.50	0.50	0.50	0.50	0.50	0.50
维生素B₁/(毫克/千克)	1.80	1.30		0.80	0.80	0.80	1.80	1.80

（续）

营养指标	后备鸡			产蛋鸡及种鸡			商品肉鸡	
	0~6 周龄	7~14 周龄	15~20 周龄	产蛋率 >80%	产蛋率为 65%~80%	产蛋率 <65%	0~4 周龄	≥5 周龄
维生素 B_2/(毫克/千克)	3.60	1.80		2.20	3.80	7.20	3.60
泛酸/(毫克/千克)	10.00	10.00		2.20	10.00	10.00	10.00
烟酸/(毫克/千克)	27.00	11.00		10.00	10.00	27.00	27.00
吡哆醇/(毫克/千克)	3.00	3.00		3.00	4.50	3.00	3.00
生物素/(毫克/千克)	0.15	0.10		0.10	0.15	0.15	0.15
胆碱/(毫克/千克)	1300.00	900.00		500.00	500.00	1300.00	850.00
叶酸/(毫克/千克)	0.55	0.25		0.25	0.35	0.55	0.55
维生素 B_{12}/(微克/千克)	9.00	3.00		4.00	4.00	9.00	9.00
铜/(毫克/千克)	8.00	6.00		6.00	8.00	8.00	8.00
铁/(毫克/千克)	80.00	60.00		50.00	30.00	80.00	80.00
锰/(毫克/千克)	60.00	30.00		30.00	60.00	60.00	60.00
锌/(毫克/千克)	40.00	35.00		50.00	65.00	40.00	40.00
碘/(毫克/千克)	0.35	0.35		0.30	0.30	0.35	0.35
硒/(毫克/千克)	0.15	0.10		0.10	0.10	0.15	0.15

表 2-2 土鸡种公鸡饲养标准

营养指标	0~4 周龄	5~8 周龄	9~19 周龄	20~68 周龄
代谢能/(兆焦/千克)	12.122	12.122	11.495	11.286
粗蛋白质（%）	20.00	18.00	16.00	14.00
粗纤维（%）	3.50	3.50	5.00~6.00	6.00
钙（%）	1.00	1.00	1.00	1.00
有效磷（%）	0.46	0.46	0.46	0.45
食盐（%）	0.36	0.36	0.37	0.37
赖氨酸（%）	0.90	0.90	0.70	0.70
蛋氨酸（%）	0.40	0.40	0.30	0.30

【注意】

①饲喂土鸡种公鸡时，微量元素和维生素可参照种母鸡的用量使用。②一直以来，由于缺乏种公鸡的饲养标准，许多鸡场只好以产蛋母鸡的饲养标准饲喂种公鸡，带来较大危害，表现在：一是高钙、高蛋白质日粮必然给消化系统和泌尿系统，尤其是肝、肾等实质器官带来沉重的代谢负担，造成肝、肾损伤，使种公鸡体况下降，精液品质变差；二是高钙、高蛋白质日粮，大大超过了种公鸡对钙和蛋白质的需要，多余的蛋白质在体内经脱氨基作用而转变为脂肪贮存于体内，使种公鸡日益变肥，体重迅速增加，性机能减退，精液品质下降；三是多余的蛋白质在体内降解，尿酸的生成增多，并与钙等形成尿酸盐，极易造成痛风症引起死亡，而且也增加了生产成本。本书运用动物营养学的基础理论，通过大量实践设计出了土鸡种公鸡的饲养标准，经过数个大型土鸡种鸡养殖场数年的使用，均反映种公鸡性欲旺盛，射精量和精子密度都很好，种蛋受精率一般都稳定在91%~95%。

表 2-3　地方品种黄鸡饲养标准

营养指标	0~5 周龄	6~11 周龄	≥12 周龄
代谢能/(兆焦/千克)	11.72	12.13	12.55
粗蛋白质（%）	20.00	18.00	16.00
蛋白能量比/(克/兆焦)	17.06	14.84	12.75

注：1. 其他营养指标参照生长期产蛋鸡和肉仔鸡饲养标准折算。
　　2. 本饲养标准适用于广东三黄胡须鸡、清远鸡、杏花鸡等，不适用于石岐杂鸡及各种肉用黄鸡型杂交种。

表 2-4　黄羽鸡肉种鸡饲养标准（优质地方品种）

营养指标	后备鸡			产蛋鸡
	0~5 周龄	6~14 周龄	15~19 周龄	≥20 周龄
代谢能/(兆焦/千克)	11.72	11.30	10.88	11.30
粗蛋白质（%）	20.00	15.00	14.00	15.50
蛋白能量比/(克/兆焦)	17.00	13.00	13.00	14.00
钙（%）	0.90	0.60	0.60	3.25
总磷（%）	0.65	0.50	0.50	0.60
有效磷（%）	0.50	0.40	0.40	0.40
食盐（%）	0.35	0.35	0.35	0.35

表 2-5　黄羽鸡肉仔鸡饲养标准（优质地方品种）

营养指标	0~5 周龄	6~10 周龄	11 周龄	>11 周龄
代谢能/(兆焦/千克)	11.72	11.72	12.55	13.39~13.81
粗蛋白质（%）	20.00	17.00~18.00	16.00	16.00
蛋白能量比/(克/兆焦)	17.00	16.00	13.00	13.00
钙（%）	0.90	0.80	0.80	0.70
总磷（%）	0.65	0.60	0.60	0.55
有效磷（%）	0.50	0.40	0.40	0.40
食盐（%）	0.35	0.35	0.35	0.35

①我国还没有统一的土鸡仔鸡饲养标准，表 2-5 的饲养标准适用于广东三黄胡须鸡、清远鸡、杏花鸡等少数地方黄羽鸡品种。我国的土鸡品种繁多，它们分布于不同的特定区域，其生长速度、上市体重各异，不可能制定出一个适用于所有土鸡的饲养标准。土鸡养殖场（户）引进雏鸡时，可向供苗场或公司索取引进土鸡的饲养标准，供设计饲料配方参考；②由于公、母鸡生长速度的差异，对各种营养成分要求也不同，因此公、母鸡分群饲养时应设计和使用不同的饲料配方。

表 2-6　乌骨鸡种鸡饲养标准

营养指标	雏鸡 （0~60 日龄）	育成鸡 （61~150 日龄）	产蛋率 ≥30% 时	产蛋率 <30% 时
代谢能/（兆焦/千克）	11.91	10.66~10.87	12.28	10.87
粗蛋白质（%）	19.00	14.00~15.00	16.00	15.00
钙（%）	0.80	0.60	3.20	3.00
有效磷（%）	0.50	0.40	0.50	0.50
食盐（%）	0.35	0.35	0.35	0.35
蛋氨酸（%）	0.32	0.25	0.30	0.30
赖氨酸（%）	0.80	0.50	0.60	0.50

表 2-7　新浦东鸡饲养标准

营养指标	育雏期 （0~10 周龄）	育成期 （11~24 周龄）	成年期 （25~72 周龄）
代谢能/（兆焦/千克）	11.72~12.13	12.13~12.55	12.13~12.55
粗蛋白质（%）	19.00~21.00	16.00~17.00	17.00~18.00
钙（%）	0.80~1.00	0.80~1.00	3.00
有效磷（%）	0.40~0.50	0.40~0.50	0.40~0.50

第二章 土鸡的饲养标准及饲料配制方法

表 2-8　蛋用大骨鸡推荐饲养标准

营养指标	0~6 周龄	7~20 周龄	21 周龄至开产	产蛋期
代谢能/(兆焦/千克)	11.80	10.05	11.00	11.00
粗蛋白质（%）	18.00	14.00	16.00	17.00
蛋白能量比/(克/兆焦)	15.20	13.33	14.55	15.45
钙（%）	0.85	0.75	1.50	3.70
总磷（%）	0.62	0.55	0.58	0.53
有效磷（%）	0.28	0.23	0.35	0.22
食盐（%）	0.32	0.32	0.32	0.32
赖氨酸（%）	0.95	0.70	0.78	0.80
蛋氨酸（%）	0.40	0.30	0.39	0.40
蛋氨酸+胱氨酸（%）	0.73	0.52	0.78	0.80

表 2-9　蛋用大骨鸡补饲饲料推荐饲养标准

营养指标	7~20 周龄	21 周龄至开产	产蛋期
代谢能/(兆焦/千克)	12.12	12.13	12.29
粗蛋白质（%）	14.00	16.00	17.50
钙（%）	0.99	2.40	4.85
总磷（%）	0.67	0.71	0.67
有效磷（%）	0.42	0.44	0.43
食盐（%）	0.42	0.42	0.45
赖氨酸（%）	0.84	0.95	1.02
蛋氨酸（%）	0.36	0.43	0.52
蛋氨酸+胱氨酸（%）	0.50	0.92	0.99

表 2-10 肉用大骨鸡推荐饲养标准

营养指标	0~4 周龄	5~16 周龄		17~20 周龄		21 周龄至出栏
	公母混养	公	母	公	母	公
代谢能/(兆焦/千克)	11.92	11.00	10.88	10.88	10.50	10.50
粗蛋白质（%）	21.00	17.00	16.50	15.00	14.50	14.50
蛋白能量比/(克/兆焦)	17.62	15.45	15.17	13.79	13.81	13.81
钙（%）	1.10	0.92	0.92	0.85	0.85	0.85
总磷（%）	0.70	0.64	0.64	0.60	0.60	0.60
有效磷（%）	0.50	0.42	0.42	0.38	0.38	0.38
食盐（%）	0.30	0.30	0.30	0.30	0.30	0.30
赖氨酸（%）	1.10	0.88	0.85	0.78	0.76	0.76
蛋氨酸（%）	0.78	0.38	0.37	0.34	0.33	0.23
蛋氨酸+胱氨酸（%）	0.89	0.71	0.69	0.63	0.61	0.61

表 2-11 肉用大骨鸡补饲饲料推荐饲养标准

营养指标	5~16 周龄		17~20 周龄		21 周龄至出栏
	公	母	公	母	公
代谢能/(兆焦/千克)	12.90	12.55	12.55	12.13	12.13
粗蛋白质（%）	18.50	18.00	15.50	15.00	15.00
钙（%）	1.25	1.25	1.14	1.14	1.14
总磷（%）	0.81	0.81	0.75	0.75	0.75
有效磷（%）	0.56	0.56	0.50	0.50	0.50
食盐（%）	0.38	0.38	0.38	0.38	0.38
赖氨酸（%）	1.12	1.07	0.96	0.93	0.93
蛋氨酸（%）	0.48	0.47	0.42	0.41	0.41
蛋氨酸+胱氨酸（%）	0.86	0.83	0.73	0.70	0.70

表 2-12　岭南黄鸡种鸡饲养标准

营养指标	0~6 周龄	7~18 周龄	19 周龄至开产	产蛋期
代谢能/(兆焦/千克)	12.14	11.30	11.51	11.51
粗蛋白质（%）	20.00	15.00	16.00	16.00
钙（%）	0.90	0.90	2.00	3.00
总磷（%）	0.65	0.60	0.63	0.65
有效磷（%）	0.36	0.41	0.38	0.41
食盐（%）	0.32	0.32	0.32	0.32
赖氨酸（%）	0.90	0.75	0.80	0.80
蛋氨酸（%）	0.38	0.29	0.37	0.40
蛋氨酸+胱氨酸（%）	0.69	0.61	0.69	0.80
苏氨酸（%）	0.58	0.52	0.55	0.56
胆碱/(毫克/千克)	1170	810	450	450

表 2-13　岭南黄鸡商品肉鸡饲养标准

营养指标	0~4 周龄	5~8 周龄	9~10 周龄
代谢能/(兆焦/千克)	12.10	12.50	13.00
粗蛋白质（%）	21.00	19.00	16.00
粗脂肪（%）	3.00	2.50	4.80
粗纤维（%）	3.20	3.50	3.50
钙（%）	1.00	0.95	0.90
总磷（%）	0.70	0.65	0.60
有效磷（%）	0.50	0.40	0.34
食盐（%）	0.30	0.30	0.30
赖氨酸（%）	1.10	0.95	0.85
蛋氨酸（%）	0.50	0.40	0.34
蛋氨酸+胱氨酸（%）	0.85	0.72	0.61

第二节 预混料的配制方法

预混料是各种添加剂和载体稀释剂的混合物，使用预混料可以提高配合饲料的全价性，降低生产成本。

一、预混料的配制原则

预混料的配制原则见图 2-1。

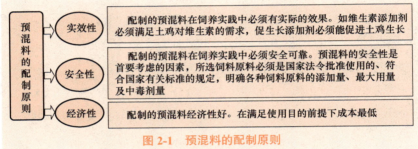

图 2-1 预混料的配制原则

二、预混料的配方设计方法

1. 维生素预混料配方设计

（1）维生素预混料配方设计方法

第一步：确定维生素预混料的品种和浓度。品种是指维生素预混料是通用型或专用型，是生产完全复合维生素预混料，还是部分复合维生素预混料。浓度就是预混料在配合饲料中的用量，一般是占全价配合饲料风干重的 0.1%~1%。

第二步：确定预混料中要添加的维生素种类和数量。土鸡对维生素的需要量基本依据是饲养标准中的建议用量，通常为最低需要量。在生产实践中，常以最低需要量为基本依据，综合考虑土鸡品种、生产水平、环境条件、维生素制剂的效价与稳定性、加工贮存条件与时间、维生素制剂价格、土鸡产品质量、成本等因素来确定土鸡的最适需要量（表 2-14）。最适需要量是在供给的数量上能保证实现最好或较好的生产成绩（高产、优质、低耗）、良好的健康状况和抗病力及最好的经济效益。最适需要量＝最低需要量＋因素酌加量。

表 2-14　酌定各种维生素添加量应考虑的重要影响因素

维生素 A	稳定性，维生素 A 源的转化率，日粮中亚硝酸盐、能量、脂肪和蛋白质水平，含脂肪饲料的类型
维生素 D	受到日光照射的时间和强度，钙和磷的水平及两者的比例
维生素 E	稳定性，维生素 E 的形式，抗氧化剂、拮抗物的存在，硒和不饱和脂肪酸在日粮中的水平
维生素 K	微生物的合成，可利用性，拮抗物的存在，抗生素、磺胺类药物，应激
维生素 B_1	稳定性，日粮中碳水化合物和硫的水平，硫胺素酶的存在，药物，温度
维生素 B_2	稳定性，日粮中能量和蛋白质水平，抗生素、磺胺类药物的存在，温度
烟酸	日粮中的可利用性，日粮中色氨酸的水平，温度
维生素 B_6	日粮中能量和蛋白质水平，拮抗物（亚麻仁）、磺胺类药物
泛酸	稳定性，温度，抗生素、磺胺类药物
生物素	日粮中的可利用性，日粮中硫的水平，拮抗物
叶酸	拮抗物，抗生素、磺胺类药物
维生素 B_{12}	日粮中钴、蛋氨酸、叶酸及胆碱的水平
胆碱	日粮中能量和蛋氨酸的水平
维生素 C	稳定性，应激

第三步：确定各种维生素的保险系数。为满足土鸡需要，在设计配方时往往在需要量的基础上再增加一定数量，即"保险系数"（表 2-15）。

表 2-15　各种维生素产品的保险系数

名称	保险系数（%）	名称	保险系数（%）	名称	保险系数（%）
维生素 A	2~3	维生素 B_1	5~10	叶酸	10~15
维生素 D	5~10	维生素 B_2	2~5	烟酸	1~3
维生素 E	1~2	维生素 B_6	5~10	泛酸	2~5
维生素 K_3	5~10	维生素 B_{12}	5~10	维生素 C	5~10

第四步：确定维生素的最终添加量，添加量＝需要量＋保险系数。

第五步：确定各种维生素原料和用量。

第六步：确定预混料中各种维生素、载体的用量。

第七步：对所设计的配方进行复核，并对其进行较详细的注释。

（2）维生素预混料配方设计举例

【例 1】　设计 0.2% 的土鸡育雏期（0~6 周龄）维生素预混料配方。

1）根据饲养标准，考虑各种维生素添加量的重要影响因素，先拟定一个添加量，加上保险系数后计算出最终添加量（表 2-16）。

表 2-16　土鸡育雏期（0~6 周龄）维生素预混料配方设计和计算一
（维生素预混料用量占全价配合饲料干重 0.2%）

原料	饲养标准	拟定添加量	保险系数（%）	最终添加量
维生素 A	12000 国际单位/千克	15000 国际单位/千克	2	15300 国际单位/千克
维生素 D_3	2000 国际单位/千克	2200 国际单位/千克	7	2350 国际单位/千克

（续）

原料	饲养标准	拟定添加量	保险系数（%）	最终添加量
维生素 E	10 国际单位/千克	15 国际单位/千克	2	15.3 国际单位/千克
维生素 K_3	0.5 毫克/千克	0.6 毫克/千克	7	0.64 毫克/千克
维生素 B_1	1.8 毫克/千克	2.0 毫克/千克	7	2.14 毫克/千克
维生素 B_2	3.6 毫克/千克	4.5 毫克/千克	5	4.73 毫克/千克
吡哆醇	3.0 毫克/千克	3.5 毫克/千克	6	3.71 毫克/千克
维生素 B_{12}	0.009 毫克/千克	0.01 毫克/千克	6	0.0106 毫克/千克
泛酸	10 毫克/千克	15 毫克/千克	3	15.45 毫克/千克
烟酸	27 毫克/千克	30 毫克/千克	2	30.6 毫克/千克
叶酸	0.55 毫克/千克	0.6 毫克/千克	8	0.65 毫克/千克
生物素	0.15 毫克/千克	0.2 毫克/千克	5	0.21 毫克/千克

2）确定维生素原料及用量，然后计算在预混料中各种维生素原料、载体及抗氧化剂（为减少维生素氧化，预混料中要添加一定量的抗氧化剂）的用量（表2-17）。各种维生素原料在预混料中的用量与预混料占全价配合饲料的干重比有关，其计算公式为：预混料中维生素原料用量=维生素原料用量÷预混料占全价配合饲料干重百分比。载体用量=1000-预混料中维生素原料用量-抗氧化剂用量。

(3) **复合维生素预混料的正确使用** 在使用前要弄清其有效含量和具体用法，一定要按使用说明书上规定的操作方法把产品添加到饲料中。一般是先与少量饲料拌匀，将添加剂至少稀释100倍后，才能混入全部饲料，以保证混合均匀有效。使用时注意如下几个方面：

表 2-17　土鸡育雏期（0~6 周龄）维生素预混料配方设计和计算二
（维生素预混料用量占全价配合饲料干重 0.2%）

原料	原料规格	原料用量/（毫克/千克）	预混料中用量/（千克/吨）
维生素 A	50 万国际单位/克	30.6	15.3
维生素 D_3	30 万国际单位/克	7.83	3.915
维生素 E	50%	30.6	15.3
维生素 K_3	95%	0.67	0.335
维生素 B_1	98%	2.184	1.092
维生素 B_2	98%	4.827	2.414
吡哆醇	83%	4.470	2.235
维生素 B_{12}	1%	1.06	0.530
泛酸	98%	15.765	7.883
烟酸	100%	30.6	15.3
叶酸	98%	0.663	0.332
生物素	2%	10.5	5.25
抗氧化剂			0.15
载体			929.964
合计			1000

1）选择使用时要有针对性。配制预混料时，如果生产条件和技术力量好，应选择纯晶状或药用级脂溶性维生素制剂；如果生产条件和技术力量差，应选择经过包被处理的制剂；如果配制液体饲料或宠物罐头饲料，则应选择可溶性制剂。

2）使用前预处理。脂溶性维生素添加剂产品在开封后应尽快用完，制粒、膨化冷却后再喷涂在颗粒料表面能减少脂溶性维生素的损失。使用维生素添加剂要事先用少量玉米粉等载体预混，然后再逐级扩大混匀。充分混匀能显著降低土鸡发病率。

3）添加剂间相互作用。饲料添加剂间存在协同作用与拮抗作用，当把有协同作用诸成分配合在一起使用，其功效能大于各自功效的总和，事半功倍；反之则会使其功效小于各自功效，甚至无效或产生毒副作用。脂溶性维生素对大部分矿物质不稳定；在潮湿或含水量较高的条件下，脂溶性维生素对各种因素的稳定性均降低；维生素K若与氧化物或碳酸盐微量元素配合，贮存中的损失率可达92%。

4）维生素拮抗物。自然界中有多种物质可阻止或限制某些维生素被土鸡利用，这样的物质就是维生素拮抗物。维生素拮抗物存在于某些植物中及一些动物制品中。有些常规用于商品土鸡的药物也具有维生素拮抗物的特性。一些霉菌和细菌在其代谢活动中产生一些对维生素有拮抗作用的物质，这些微生物可存在于土鸡养殖周围环境中。

现已知的拮抗物对维生素的拮抗机制如下：一是分解酶的分子，使其失去活性，如硫胺素酶可使维生素B_1（硫胺素）灭活。二是与酶形成络合物，如抗生物素蛋白可使生物素灭活。三是占据作用位点，如双香豆素可占据维生素K的作用位点，使维生素K无法发挥作用。四是阻止维生素在土鸡肠道中的吸收。

配合饲料中常添加油脂。饲料中含高水平不饱和脂肪酸会增加油脂发生氧化的可能性，而油脂氧化会影响脂溶性维生素A、维生素D、维生素E的吸收。酸败的脂肪还可使生物素灭活。

5）注意保质期。维生素添加剂要避光贮存于低温干燥的库房内。维生素在正常环境中贮存时会由于氧化等作用而逐渐失效，市场上出售的复合维生素添加剂由于相互作用失效会更迅速。为避免维生素添加剂的自然损失和效价降低，一次最好别多买，现用现买。当然购买时要注意生产日期，别买到失效产品。对于有一定生产规模的饲料企业，最好自己生产维生素添加剂预混料，这就需要掌握各种单项维生素产品的规格和特性。

6）根据生产水平适当增加维生素含量。高生产力土鸡的维生素需要量变化很大，要根据生产水平和环境条件适当增加维生素添加量。

2. 微量元素预混料配方设计

（1）微量元素预混料配方设计方法

第一步：确定微量元素的添加种类。一般以饲养标准中的营养需要量为基本依据，同时考虑某些微量元素地区性的缺乏或高含量和某些微量元素的特殊作用，如碘、硒的缺乏，高铜的促生长效果，不同土鸡品种、不同生理阶段对微量元素的种类要求不同。

第二步：确定微量元素的需要量。添加量＝饲养标准中规定的需要量－基础日粮中的相应含量，若基础日粮中含量部分不计，则添加量＝饲养标准中规定的需要量。此外，添加量的确定还应考虑以下因素：

1）各种微量元素的生物学效价。对微量元素添加剂原料的有效成分含量、利用率、有害杂质含量及细度都应该进行考虑，各种微量元素添加剂有害成分含量及卫生标准必须符合相关国家标准。此外，预混料中各种微量元素的含量不应超过土鸡的最大耐受标准，以防止土鸡中毒情况的发生。

2）饲料中各种微量元素的需要量和最大安全量（最大用量），见表2-18。

表2-18 饲料中微量元素的需要量和最大安全量

元素	需要量/（毫克/千克）	最大安全量/（毫克/千克）
铁	40~80	1000
铜	3~4	300
钴	—	20
碘	0.3~0.4	300

（续）

元素	需要量/(毫克/千克)	最大安全量/(毫克/千克)
锰	40~60	1000
锌	50~60	1000
硒	0.1~0.2	4
钼	<1	100

3）各种微量元素的相互干扰及合理比例。微量元素间存在着协同和拮抗作用。例如，在配制土鸡的微量元素预混料时，需要使用大量的钙，但钙影响锌和锰的吸收，因而要增大锌和锰在配方中的用量；而锌、铜、锰影响铁的吸收，且锌、铜之间又相互拮抗；在高铜日粮中如果锌、铁缺乏，可引起中毒症状，如果同时提高锌、铁的添加量则不引起中毒；锌与铁、氟与碘、铜与钼有拮抗作用；铜与锌、锰也有拮抗作用。

第三步：选择适宜的原料并计算原料使用量。一般选用生物学价值高、稳定性好，且便于粉碎和混合，价格比较低廉的原料。并将所需微量元素折算成所选原料的量（表2-19）。

商品原料量＝某微量元素需要量 ÷ 纯品中该元素含量 ÷ 商品原料纯度

表2-19 常用矿物质饲料中的微量元素含量

微量元素	矿物质饲料	化学式	微量元素含量
钙	碳酸钙	$CaCO_3$	钙：40%
	石灰石粉		钙：34%~38%
钙、磷	煮骨粉		磷：11%~12%；钙：24%~25%
	蒸骨粉		磷：13%~15%；钙：31%~32%
	十二水磷酸氢二钠	$Na_2HPO_4 \cdot 12H_2O$	磷：8.7%；钠：12.8%

（续）

微量元素	矿物质饲料	化学式	微量元素含量
钙、磷	五水亚磷酸氢二钠	$Na_2HPO_3 \cdot 5H_2O$	磷：14.3%；钠：21.3%
	十二水磷酸钠	$Na_3PO_4 \cdot 12H_2O$	磷：8.2%；钠：12.1%
	二水磷酸氢钙	$CaHPO_4 \cdot 2H_2O$	磷：18.0%；钙：23.2%
	磷酸钙	$Ca_3(PO_4)_2$	磷：20.0%；钙：38.7%
	磷酸二氢钙	$Ca(H_2PO_4)_2 \cdot H_2O$	磷：24.6%；钙：15.9%
钠、氯	氯化钠	$NaCl$	钠：39%；氯：60.3%
铁	七水硫酸亚铁	$FeSO_4 \cdot 7H_2O$	铁：20.1%
	一水碳酸亚铁	$FeCO_3 \cdot H_2O$	铁：41.7%
	碳酸亚铁	$FeCO_3$	铁：48.2%
	四水氯化亚铁	$FeCl_2 \cdot 4H_2O$	铁：28.1%
	六水氯化铁	$FeCl_3 \cdot 6H_2O$	铁：20.7%
硒	亚硒酸钠	Na_2SeO_3	硒：45.7%
	十水硒酸钠	$Na_2SeO_3 \cdot 10H_2O$	硒：21.4%
铜	五水硫酸铜	$CuSO_4 \cdot 5H_2O$	铜：25.5%
	一水碱式硫酸铜	$CuCO_3 \cdot Cu(OH)_2 \cdot H_2O$	铜：53.2%
	碱式碳酸铜	$CuCO_3 \cdot Cu(OH)_2$	铜：57.5%
	二水氯化铜（绿色）	$CuCl_2 \cdot 2H_2O$	铜：37.3%
	氯化铜（白色）	$CuCl_2$	铜：64.2%

（续）

微量元素	矿物质饲料	化学式	微量元素含量
锰	二水硫酸锰	$MnSO_4 \cdot 2H_2O$	锰：22.8%
	碳酸锰	$MnCO_3$	锰：47.8%
	氧化锰	MnO	锰：77.4%
	四水氯化锰	$MnCl_2 \cdot 4H_2O$	锰：27.8%
锌	碳酸锌	$ZnCO_3$	锌：52.1%
	七水硫酸锌	$ZnSO_4 \cdot 7H_2O$	锌：22.7%
	氧化锌	ZnO	锌：80.3%
	氯化锌	$ZnCl_2$	锌：48%
碘	碘化钾	KI	碘：76.4%

注：本表部分数据来源于 NY/T 33—2004《鸡饲养标准》。

第四步：确定微量元素预混料的浓度。浓度就是预混料在全价配合饲料中的用量。根据原料细度、混合设备条件、使用情况等因素确定预混料在全价饲料中的用量，一般选用的载体有碳酸钙、白陶土粉、沸石粉、硅藻土粉等。微量元素预混料的浓度一般占全价配合饲料的 0.5%~1%。

第五步：计算出载体的用量和各种商品微量元素原料的百分比。

（2）微量元素预混料配方设计举例

【例2】 设计土鸡育雏期（0~6周龄）微量元素预混料配方。

1）查饲养标准，列出土鸡育雏期（0~6周龄）微量元素需要量，见表 2-20。

表 2-20　土鸡育雏期（0~6周龄）微量元素需要量

所需微量元素的种类	铁	铜	锌	锰	碘	硒
需要量/（毫克/千克）	80	8	40	60	0.35	0.15

2）计算所需微量元素的添加量。基础日粮中各种微量元素的含量作为保险系数,直接将需要量作为添加量。

3）选择适宜的微量元素添加剂原料,并将所需微量元素需要量折合为市售商品原料量(表2-21)。

表 2-21　将微量元素需要量折合为市售商品原料量

元素种类	铁	铜	锌	锰	碘	硒
需要量/(毫克/千克)	80	8	40	60	0.35	0.15
添加原料	七水硫酸亚铁	五水硫酸铜	七水硫酸锌	二水硫酸锰	碘化钾	亚硒酸钠
纯品含量(%)	20.1	25.5	22.7	22.8	76.4	45.7
商品所含纯度(%)	98	98	98	98	98	98
商品原料量/(毫克/千克)	406.13	32.01	179.81	268.53	0.467	0.335

注：计算示例：铁添加量=80毫克/千克÷20.1%÷98%=406.13毫克/千克。

4）确定预混料中各种原料的使用剂量。假定预混料浓度为1%,载体采用轻质碳酸钙,则计算出每吨预混料中所需要各种原料的使用量(表2-22),即为土鸡育雏期(0~6周龄)1%微量元素预混料配方。

表 2-22　土鸡育雏期(0~6周龄)1%微量元素预混料配方

商品原料	数量/毫克	百分比(%)	预混料中用量/(千克/吨)
七水硫酸亚铁	406.13	4.0613	40.613
五水硫酸铜	32.01	0.3201	3.201
七水硫酸锌	179.81	1.7981	17.981
二水硫酸锰	268.53	2.6853	26.853
碘化钾	0.467	0.00467	0.0467

(续)

商品原料	数量/毫克	百分比（%）	预混料中用量/（千克/吨）
亚硒酸钠	0.335	0.00335	0.0335
轻质碳酸钙	9112.718	91.12718	911.2718
合计	10000	100	1000

3. 复合预混料配方设计

（1）复合预混料配方设计方法

第一步：根据土鸡的不同品种、生理阶段及生产水平等因素查对应的饲养标准，确定各种微量组分的总含量。

第二步：查营养价值成分表，计算出基础日粮中各种微量组分的总含量。

第三步：计算所需微量组分的添加量。

第四步：确定预混料的添加比例。

第五步：选择适宜的载体，根据使用剂量，计算出所用载体量。

第六步：列出复合预混料的配方，并对其进行详细的注释，由主管技术人员签字确认。

（2）复合预混料配方设计的注意事项

1）防止和减少有效成分的损失，以保证预混料的稳定性和有效性。在选择预混料的原料时，宜选择经过稳定化处理的维生素原料；由于硫酸盐的吸收利用率一般较高，所以微量元素原料选择硫酸盐的形式，而且最好使用结晶水少的或经过烘干处理的原料；由于氯化胆碱会破坏其他维生素的活性，所以其用量应控制在20%以下或单独添加；选择较好的抗氧化剂、抗结块剂及防霉剂等，一般抗氧化剂的添加量为0.015%~0.05%；在复合预混料中，可超量添加维生素。

2）氨基酸的添加。在商品土鸡预混料中多添加蛋氨酸和赖氨酸。

作为饲料添加剂使用时,赖氨酸一般使用 L- 赖氨酸的盐酸盐,蛋氨酸使用 DL- 蛋氨酸(人工合成)。土鸡复合预混料中蛋氨酸的添加量建议根据设计的参考配方确定。

3)微量组分的稳定性及各种微量组分间的关系。预混料中各微量组分的性质是稳定的,但是维生素的稳定性受到含水量、酸碱度和矿物质等的影响。例如,饲料中含有磺胺类药物和抗生素时,维生素 K 的添加量将增加 2~4 倍;维生素 E 在机体内和硒具有协同作用,一定条件下,维生素 E 可以替代部分硒,硒则不能代替维生素 E。微量活性组分对土鸡的生长有很大影响,但相互间容易产生化学反应而影响其活性。所以在制作复合预混料时,应将微量元素预混料和维生素预混料单独包装备用,或加大载体和稀释剂的用量,同时严格控制预混料的含水量,最多不要超过 5%。

4)其他微量组分。应根据当地气候状况及原料情况,正确选用抗氧化剂和防霉剂。药物添加剂应选择兽用抗生素,并且根据所选用药物严格把握添加量,还要考虑抗药性及在土鸡体内的残留情况。

第三节 浓缩饲料的配制方法

浓缩饲料是由蛋白质饲料、部分矿物质饲料和饲料添加剂等按一定比例配制而成的均匀混合物。浓缩饲料必须与能量饲料、常量矿物质原料等合理搭配成全价配合饲料后才能饲喂土鸡。土鸡浓缩饲料配方的设计方法有两种:一种是由全价配合饲料配方推算出浓缩饲料配方;另一种是直接根据用量比例或浓缩饲料标准单独设计浓缩饲料配方。

一、由全价配合饲料配方推算浓缩饲料配方的方法

这是一种比较常见、直观且简单的方法,就是先行设计相应的全价饲料配方,再根据产品具体要求,去掉全部或部分能量饲料(也

可能去掉部分蛋白质饲料或矿物质饲料），将剩余各原料重新计算百分比，即可得到浓缩饲料配方。在换算中应注意浓缩饲料和能量饲料的比例最好为整数，以方便使用。例如，浓缩饲料用量为40%、30%、25%，则添加能量饲料等原料相应为60%、70%、75%；也可根据实际情况做相应调整。其设计步骤如下：

第一步：根据当地饲料原料情况和饲养标准设计土鸡全价配合饲料配方。

第二步：确定浓缩饲料在全价配合饲料中的比例。即用100%减去全价配合饲料中能量饲料（或能量饲料+其他饲料）所占的百分数，这也是将来配制成的浓缩饲料的用量比。

第三步：用该比例分别除以浓缩饲料将使用的各种饲料原料占全价配合的比例，得到所要配制的浓缩饲料配方。

第四步：列出配方，并计算出浓缩饲料的营养水平。

【例3】 利用现已配制完成的土鸡产蛋期全价配合饲料配方，设计一个对应的土鸡浓缩饲料配方。

第一步：根据土鸡产蛋期饲养标准及饲料原料标准，设计全价配合饲料配方：玉米63.3%、小麦麸2%、大豆粕15.2%、棉籽粕2%、菜籽粕2%、花生仁饼2.8%、鱼粉1.4%、石粉8%、磷酸氢钙2%、食盐0.3%、预混料1%。

第二步：确定配合饲料中浓缩饲料的配比。如果确定能量饲料占60%，则浓缩饲料的比例为40%。

第三步：计算浓缩饲料中各种原料的含量。见表2-23。

表2-23 浓缩饲料中各种原料的含量

原料名称	浓缩饲料配比
玉米	（63.3-60）%÷40%×100%=8.25%
小麦麸	2%÷40%×100%=5%
大豆粕	15.2%÷40%×100%=38%

（续）

原料名称	浓缩饲料配比
棉籽粕	2%÷40%×100%=5%
菜籽粕	2%÷40%×100%=5%
花生仁饼	2.8%÷40%×100%=7%
鱼粉	1.4%÷40%×100%=3.5%
石粉	8%÷40%×100%=20%
磷酸氢钙	2%÷40%×100%=5%
食盐	0.3%÷40%×100%=0.75%
1%预混料	1%÷40%×100%=2.5%

第四步：列出浓缩饲料配方并标出使用方法。

浓缩饲料配方为：玉米8.25%、小麦麸5%、大豆粕38%、棉籽粕5%、菜籽粕5%、花生仁饼7%、鱼粉3.5%、石粉20%、磷酸氢钙5%、食盐0.75%、1%预混料2.5%。

使用方法：玉米60%、浓缩料40%（按上述建议比例配制）混合均匀后饲喂。

【例4】 利用【例3】中设计的全价饲料配方，设计一个添加能量饲料和石粉的土鸡产蛋期浓缩饲料配方。

第一步：列出全价配合饲料配方：玉米63.3%、小麦麸2%、大豆粕15.2%、棉籽粕2%、菜籽粕2%、花生仁饼2.8%、鱼粉1.4%、石粉8%、磷酸氢钙2%、食盐0.3%、预混料1%。

第二步：确定配合饲料中浓缩饲料的比例。能量饲料为玉米和小麦麸，共占65%，石粉占8%，合计73%，则浓缩饲料比例为（100%-73%）=27%。

第三步：计算浓缩饲料配比中各种原料的含量。见表2-24。

表 2-24　浓缩饲料中各种原料的含量

原料名称	浓缩饲料配比
玉米	（65.3–65）%÷27%×100%=1.11%
大豆粕	15.2%÷27%×100%=56.3%
棉籽粕	2%÷27%×100%=7.41%
菜籽粕	2%÷27%×100%=7.41%
花生仁饼	2.8%÷27%×100%=10.37%
鱼粉	1.4%÷27%×100%=5.18%
磷酸氢钙	2%÷27%×100%=7.41%
食盐	0.3%÷27%×100%=1.11%
1%预混料	1%÷27%×100%=3.70%

第四步：列出浓缩饲料配方并标出使用方法。

浓缩饲料配方：玉米 1.11%，大豆粕 56.3%，棉籽粕 7.41%，菜籽饼 7.41%，花生仁粕 10.37%，鱼粉 5.18%，磷酸氢钙 7.41%，食盐 1.11%，1% 预混料 3.70%。

使用方法：玉米 63%，小麦麸 2%，石粉 8%，浓缩饲料 27%（按上述建议比例配制）混合均匀后饲喂产蛋期土鸡。

二、直接计算浓缩饲料配方的方法

专门生产土鸡浓缩饲料的厂家，都有自己的浓缩饲料营养标准数据库，可以直接计算浓缩饲料配方，此种方法包括以下两种情况。

1. 建立自己的浓缩饲料营养标准数据库

根据蛋白质、矿物质等饲料原料的供应情况和价格及相应市场常用能量饲料的种类和需求，以及生产经验等，生产厂家制定浓缩饲料的营养水平标准，建立自己的浓缩饲料营养标准数据库，与计算配合饲料配方的方法一样，即在确定粗蛋白质、氨基酸、钙和磷等指标后，利用配方软件规划出最低成本的浓缩饲料配方。土鸡养殖户买到

浓缩饲料后再根据厂家给出的不同配比建议应用或根据各营养成分的含量选择能量饲料的种类和配合数量。

这类浓缩饲料配方设计具有通用性,一般以土鸡生长某一阶段为标准,其他阶段与其相互配合,通过不同配比来接近土鸡不同阶段的营养需要。由于它的应用有一定局限性,在此不做进一步介绍。

2. 根据养殖户需要确定能量饲料与浓缩饲料的比例

根据养殖户所有的能量饲料种类和数量,厂家确定浓缩饲料与能量饲料的比例,结合土鸡饲养标准确定浓缩饲料各营养指标应达到的水平,最后计算浓缩饲料的配方。

【例5】 设计土鸡产蛋期(产蛋率大于80%)的浓缩饲料配方,说明其设计的方法和步骤。

第一步:确定能量饲料与浓缩饲料的比例。根据相应市场上能量饲料种类及特点等制订出相应比例,或按养殖户要求和习惯设定比例,如确定比例为玉米55%、高粱10%、小麦麸5%后,则浓缩饲料的比例为30%。

第二步:查土鸡产蛋期(产蛋率大于80%)的饲养标准,确定适宜的营养水平。饲养标准为:代谢能11.5兆焦/千克、粗蛋白质16.5%、钙3.50%、有效磷0.33%、赖氨酸0.73%、蛋氨酸0.36%、总含硫氨基酸0.56%。

第三步:计算能量饲料所能达到的营养水平,进一步计算出浓缩饲料应提供的营养含量(表2-25)。浓缩饲料的营养含量=(全价配合饲料营养标准-能量饲料的营养含量)÷浓缩饲料比例。

表2-25 能量饲料和浓缩饲料提供的营养含量

项目	能量饲料的营养含量	浓缩饲料的营养含量
代谢能/(兆焦/千克)	8.99	(11.5-8.99)÷30%=8.37
粗蛋白质(%)	6.26	(16.5-6.26)÷30%=34.13
钙(%)	0.01	(3.50-0.01)÷30%=11.63

(续)

项目	能量饲料的营养含量	浓缩饲料的营养含量
有效磷（%）	0.05	(0.33–0.05)÷30%=0.93
赖氨酸（%）	0.18	(0.73–0.18)÷30%=1.83
蛋氨酸（%）	0.12	(0.36–0.12)÷30%=0.80
总含硫氨基酸（%）	0.26	(0.56–0.26)÷30%=1.00

第四步：选择浓缩饲料原料并确定其配比。因地制宜、因时制宜，根据来源、价格、营养价值等方面综合考虑选择原料。各原料在浓缩饲料中所占比例，可采取接近全价配合饲料比例的设计方法，最好用计算机按最低成本原则优化。为了更好地控制质量，应有目的地设定相应原料使用量的上下限。例如，在浓缩饲料中使棉籽饼不超过20%，使其在全价配合饲料中不超过20%×30%=6%。预混料的比例需固定，这里应用1%，在浓缩饲料中的固定比例则为3.33%。浓缩饲料中各种原料比例及营养含量见表2-26。

表2-26　浓缩饲料中各种原料比例及营养含量

原料名称	比例（%）	代谢能/（兆焦/千克）	粗蛋白质（%）	钙（%）	磷（%）	蛋氨酸（%）	赖氨酸（%）	胱氨酸（%）
大豆粕	41.7	4.587	18.4314	0.132	0.064	0.236	1.172	0.271
棉籽粕	4	0.3392	1.74	0.0315	0.0125	0.0315	0.065	0.027
鱼粉	16	1.77	9.632	0.606	0.0435	0.2466	0.703	0.083
猪油	4	1.524						
骨粉	4			1.456	0.656			
石粉	26.0			9.275				
食盐	0.67							
预混料	3.33							
蛋氨酸	0.3					0.3		

通过计算或计算机优化处理，浓缩饲料配方为：大豆粕41.7%、棉籽粕4.0%、鱼粉16%、猪油4%、骨粉4.0%、石粉26.0%、食盐0.67%、土鸡预混料3.33%、蛋氨酸0.3%。

使用方法：玉米55%、高粱10%、小麦5%、浓缩饲料30%（按照上述浓缩饲料配方配制），混合均匀即可饲喂土鸡。

【注意】

土鸡浓缩饲料在生产过程中已根据土鸡不同阶段的生长需要和饲料保质需要加入了各种添加剂，因而在使用时不需要再加入其他添加剂；将土鸡浓缩饲料与能量饲料进行混合时，无论是机械或人工混合，都必须充分搅拌均匀，以确保浓缩饲料在成品中的均匀分布；注意能量饲料原料质量和浓缩饲料的贮存。

第四节　全价配合饲料的配制方法

一、全价配合饲料的配制原则

1. 力求饲料原料种类多样化

选用的饲料原料种类应尽可能多一些，这样可以利用氨基酸和其他营养物质的互补作用，从而保证日粮中的营养物质比较完善，提高饲料转化率，满足饲养标准的要求。各种饲料原料在日粮中的适宜量和最高允许量见表2-27和表2-28。

2. 饲料的适口性要好

设计饲料配方时应选择适口性较好，无异味、无霉变、不酸败的饲料原料。若采用营养价值高、价格便宜、适口性较差的饲料原料（如血粉、菜籽粕等），应限制其用量。

3. 控制饲料配方中粗纤维的含量

土鸡对粗纤维的消化和利用能力很差，在饲料配方设计时粗纤维的含量应控制在 4% 以下，不使用粗纤维含量较高的饲料原料。

表 2-27　各种饲料原料在日粮中的适宜量和最高允许量

原料种类	成年鸡		育成鸡	
	适宜量（%）	最高允许量（%）	适宜量（%）	最高允许量（%）
玉米	40~60	70	30~50	60
燕麦	20~30	40	15~20	30
去皮燕麦	40~50	60	30~40	50
小麦	20~30	30	35~40	40
黍、粟	20~25	40	15~20	30
稻米	20~30	40	15~20	30
黑麦	5~6	7	3~4	5
大麦	30~40	50	15~20	40
豌豆	10~15	25	7~10	15
大豆	10~15	20	7~10	15
小麦麸	7~10	15	5~7	10
米糠	3~5	7	3~5	7
花生仁饼	15~17	20	8~10	15
亚麻仁饼	5~6	8	2~3	4
向日葵仁饼	15~17	20	8~10	15
大豆饼	18~20	30	15~20	30
饲用酵母	5~7	10	3~5	7
血粉	2~3	5	2~3	5
肉骨粉	5~7	10	3~5	7
羽毛粉	3~4	4	2~3	4

(续)

原料种类	成年鸡		育成鸡	
	适宜量（%）	最高允许量（%）	适宜量（%）	最高允许量（%）
鱼粉	5~7	10	4~7	10
脱脂乳粉	1~1.5	3	2~3	4
苜蓿粉	5~7	10	3~5	7
鱼肝油	1~2	3	0.5~1	3
动物油脂	3~4	7	2~3	5
骨粉	2~3	3	1~2	2
贝壳粉	5~6	7	3~5	5
石灰石	5~6	7	3~5	5
食盐	0.3~0.4	0.4	0.2~0.3	0.3

表 2-28　各种维生素饲料原料在日粮中的适宜量和最高允许量

原料种类	成年鸡		育成鸡	
	适宜量/（克/只·天）	最高允许量/（克/只·天）	适宜量/（克/只·天）	最高允许量/（克/只·天）
马铃薯	40~50	80	20~30	40
甜菜	50~60	100	20~30	50
胡萝卜	20~30	50	15~20	30
嫩三叶草	15~20	30	10~15	20
嫩苜蓿	15~20	30	10~15	20

4. 控制好饲料体积

饲料体积过大，养分浓度降低，不但会造成消化道负担过重，影响土鸡对饲料的消化和吸收，而且也难以满足土鸡的营养需要。反之，饲料体积过小，虽能满足土鸡的营养需要，但土鸡没有饱腹感而处于不安状态,影响其生长发育及生产性能。

5. 要注意饲料卫生

设计饲料配方时,不能仅仅考虑营养因素,还要考虑饲料的卫生状况,不得使用被有毒化学物质、农药和病原体污染的饲料原料,以免造成不良后果。

6. 保持饲料配方的相对稳定

饲料配方投入使用以后,应保持相对稳定,饲料原料要有稳定可靠的来源,频繁变动饲料配方和原料会造成土鸡的消化不良,影响其生长和产蛋。有时由于原料价格变化很大,需要改动饲料配方时,也要逐步进行,避免对土鸡造成大的影响。

7. 尽量选用叶黄素含量较高的饲料

叶黄素是维持蛋黄、皮肤颜色所必需的天然色素,土鸡体内不能合成,必须从饲料中获得。所以为土鸡设计饲料配方时,应注意选用富含叶黄素的饲料原料,如选用黄玉米,避免使用白玉米,添加紫红苜蓿草粉、万寿菊草粉等。尽量利用和发掘当地的饲料原料资源。

8. 考虑饲料原料的来源与价格

在设计饲料配方时,根据饲料原料的适用性和价格,合理地选用各种饲料原料。在土鸡养殖实践中,从饲料原料的价格和饲养效果来看,经常存在着某些饲料原料较其他饲料原料更为合适的情况。例如,在花生仁粕供应充足的地方或季节,用花生仁粕代替一部分大豆粕,不但能保证高的产蛋率和种蛋的质量,而且还可大大降低饲料成本。

二、全价配合饲料的配方设计依据

1. 饲养标准

设计配方时,必须以土鸡的饲养标准为依据。合理应用饲养标准来配制全价配合饲料,才能保证土鸡的健康并很好地发挥其生产性能,提高饲料转化率,降低饲养成本,获得较好的经济效益。但土鸡的营养需要是个极其复杂的问题，饲料原料的品种、产地、贮存的好坏都会影响全价配合饲料的营养含量，土鸡的品种、类型、饲养管理条件等能影响营养的实际需要量，温度、湿度、有害气体、应激因素、饲料加工调制方法等也会影响土鸡的营养需要和消化吸收。因此，在生产中原则上既要按饲养标准配制全价配合饲料，也要根据实际情况做适当的调整，以充分满足土鸡的营养需要。但调整幅度不可过大，一般应控制在10%左右为宜。

2. 饲料成分及营养价值表

饲料成分及营养价值表是通过对各种饲料原料的主要成分、氨基酸、矿物质和维生素等成分进行分析化验，经过计算、统计、在土鸡饲养试验的基础上，对饲料原料进行营养价值评定后制定出来的。它客观地反映了各种饲料原料的营养成分和营养价值，是合理利用各种饲料原料的科学依据。但应该注意的是有些饲料原料，如鱼粉、各种饼粕、骨粉等，常因产地和加工工艺的不同，导致其所含营养成分和营养价值有较大的变化。从不同产地和厂家购入的饲料原料均应进行各种营养成分的测定，并以实测值作为设计全价配合饲料配方的依据。

三、全价配合饲料的配方设计方法

全价配合饲料配方的设计和计算技术是数学与动物营养学相结合的产物。它是实现饲料合理配制、降低饲养成本、提高经济效益的技术手段。配方设计的方法很多，如试差法、对角线法、线性规划法及计算机优选法等。

生产中常用的是试差法。试差法是以饲养标准为基础，根据以往经验和动物营养学理论初步拟出饲料各组分的配比，以各组分的各种营养成分含量之和，分别与饲料标准的各个营养成分的需要量相比较，出现的余缺再用调整饲料配比的方法，来满足各种营养成分的需要量。试差法包括手工计算法和 Excel 表格计算法。

1. 手工计算法

现以土种鸡产蛋期全价配合饲料配方的设计、计算为例,进行说明。

第一步:根据饲养对象、生理阶段和生产水平,选择饲养标准,见表2-29。

表2-29 土鸡种鸡产蛋期的饲养标准

营养指标	代谢能/(兆焦/千克)	粗蛋白质(%)	钙(%)	有效磷(%)	蛋氨酸(%)	赖氨酸(%)	胱氨酸(%)	食盐(%)
含量	11.5	16.5	3.5	0.33	0.39	0.85	0.33	0.35

第二步:结合本地饲料原料的来源、营养价值、适口性、毒素含量等情况,初步确定选用饲料原料的种类,从土鸡的常用饲料成分及营养价值表中查出所选用原料的营养成分含量,初步计算粗蛋白质的含量和代谢能,见表2-30。

表2-30 各种饲料原料的养分含量

原料种类	代谢能/(兆焦/千克)	粗蛋白质(%)	钙(%)	有效磷(%)	蛋氨酸(%)	赖氨酸(%)	胱氨酸(%)
玉米	13.56	8.7	0.02	0.05	0.13	0.27	0.20
小麦麸	5.65	14.3	0.10	0.33	0.22	0.56	0.31
大豆粕	10.00	44.2	0.33	0.16	0.59	2.68	0.65
棉籽粕	8.49	43.5	0.28	0.26	0.58	1.97	0.68
菜籽粕	7.41	38.6	0.65	0.25	0.63	1.32	0.87
花生仁粕	11.63	44.7	0.25	0.16	0.39	1.32	0.38
骨粉			36.4	16.5			
石粉			35.0				

第三步：初拟配方。根据饲养经验，初步拟定一个配合比例，然后计算能量和蛋白质的含量。土鸡饲料中，能量饲料占50%~70%，蛋白质饲料占25%~30%，矿物质饲料占3%~10%，预混料占0~3%。根据各类饲料原料的比例和价格，初拟的配方和计算结果见表2-31。

表2-31　初拟配方及配方中能量、蛋白质的含量

原料种类	比例（%）	代谢能/（兆焦/千克）	粗蛋白质（%）
玉米	62	8.407	5.394
小麦麸	3	0.17	0.429
大豆粕	18	1.8	7.956
棉籽粕	2	0.17	0.87
菜籽粕	2	0.148	0.772
花生仁粕	3	0.349	1.341
石粉	8		
骨粉	1		
维生素和微量元素预混料	0.5		
合计	99.5	11.044	16.762
标准		11.5	16.5

第四步：调整配方，使能量和蛋白质符合饲养标准。由表2-31可以算出能量比标准少0.456兆焦/千克，蛋白质多0.262%。用能量较高的猪油替代小麦麸，每替代1.45%可增加代谢能0.471兆焦/千克，减少粗蛋白质0.207%（猪油中几乎没有蛋白质，使用猪油替代小麦麸，配方中粗蛋白质含量会减少）。1.45%的猪油替代1.45%的小麦麸后，能量为11.515兆焦/千克，蛋白质为16.55%，与标准

接近。

第五步：计算矿物质和氨基酸的含量，见表2-32。

表2-32 矿物质和氨基酸的含量

原料种类	比例（%）	钙（%）	有效磷（%）	蛋氨酸（%）	赖氨酸（%）	胱氨酸（%）
玉米	62	0.012	0.031	0.081	0.167	0.124
小麦麸	1.55	0.002	0.005	0.003	0.009	0.005
大豆粕	18	0.059	0.029	0.106	0.482	0.117
棉籽粕	2	0.006	0.005	0.012	0.039	0.014
菜籽粕	2	0.013	0.005	0.013	0.026	0.017
花生仁粕	3	0.008	0.005	0.012	0.04	0.011
骨粉	1	0.364	0.164			
石粉	8	2.8				
猪油	1.45					
维生素和微量元素预混料	0.5					
合计	99.5	3.264	0.244	0.227	0.763	0.288
标准		3.5	0.33	0.39	0.85	0.33

根据上述配方计算得知，饲料中钙比标准低0.236%，磷低0.086%。因骨粉中含有钙和磷，所以先用骨粉满足钙和磷。增加0.086%的磷需要添加骨粉0.52%（0.086÷16.4%）；0.52%的骨粉可以提供钙0.189%的钙，基本满足需要。赖氨酸含量低于标准约0.087%，补充0.1%赖氨酸。蛋氨酸与标准差0.39%-0.227%=0.163%，胱氨酸与标准差0.042%，用蛋氨酸补充，添加0.20%蛋氨酸。再添加0.35%食盐，则配方的总百分比是100.67%，多出0.67%，可以在玉米中减去。一般能量饲料调整不大于1%的情况下，饲料中的能

量、蛋白质指标引起的变化不大,可以忽略。

第六步:列出配方和主要营养指标。

饲料配方:玉米61.33%、小麦麸1.55%、猪油1.45%、大豆粕18%、棉籽粕2%、菜籽粕2%、花生仁粕3%、骨粉1.52%、石粉8.0%、食盐0.35%、蛋氨酸0.20%、赖氨酸0.1%、维生素和微量元素预混料0.5%,合计100%。

营养指标:代谢能11.51兆焦/千克、粗蛋白质16.54%、钙3.48%、有效磷0.33%、蛋氨酸+胱氨酸0.72%、赖氨酸0.851%。

2. Excel 表格计算法

在 Excel 表格中输入所需饲料原料与所占比例,调试后可快速得到合适的饲料配方,与烦琐的人工计算相比,节省了时间,具有很大优势。利用 Excel 表格计算法设计饲料配方的步骤如下:

1)输入配制的饲料各种营养元素的标准值。在 Excel 表格前两行输入配制的饲料各种营养元素的标准值,如将土鸡种鸡产蛋率大于80%)饲养标准中代谢能为11.5兆焦/千克,粗蛋白质16.5%,钙3.5%,总磷0.6%,有效磷0.33%,赖氨酸0.73%,蛋氨酸0.36%,胱氨酸0.35%,输入 Excel 表格(图2-2)。第三行为计算得到的配方结果。

图 2-2 Excel 表格中配制饲料的各种营养元素的标准值

2)输入饲料原料的营养成分。根据本地区或本场的饲料原料情况,将需要的饲料原料及各种营养成分,以"饲料名称+与饲料标准对应的成分"的格式将其复制粘贴到 Excel 表格的第四行及以下各行中。注意要空出 B 列,以填写该饲料原料在整体饲料配方中所占的比例(图2-3)。

	A	B	C	D	E	F	G	H	I	J
1	饲料标准		代谢能/(兆焦/千克)	粗蛋白质(%)	钙(%)	总磷(%)	有效磷(%)	赖氨酸(%)	蛋氨酸(%)	胱氨酸(%)
2			11.5	16.5	3.5	0.6	0.33	0.73	0.36	0.35
3	配方结果		0	0	0	0	0	0	0	0
4	饲料名称		代谢能/(兆焦/千克)	粗蛋白质(%)	钙/%)	总磷(%)	有效磷(%)	赖氨酸(%)	蛋氨酸(%)	胱氨酸(%)
5	玉米		13.56	8.7	0.02	0.27	0.05	0.24	0.18	0.2
6	大麦(裸)		11.21	13	0.04	0.39	0.12	0.44	0.14	0.25
7	糙米		14.06	8.8	0.03	0.35	0.15	0.32	0.2	0.14
8	稻谷		11	7.8	0.03	0.36	0.15	0.29	0.19	0.16
9	次粉		12.51	13.6	0.08	0.48	0.17	0.52	0.16	0.33
10	小麦麸		5.65	14.3	0.1	0.93	0.33	0.56	0.22	0.31
11	全脂大豆		15.69	35.5	0.32	0.4	0.1	2.2	0.53	0.57
12	骨粉		0	0	15.9	0	24.58	0	0	0
13	石粉		0	0	35.84	0	0	0	0	0
14	棉籽粕		8.49	43.5	0.28	1.04	0.26	1.97	0.58	0.68
15	菜籽粕		7.41	38.6	0.65	1.02	0.15	1.3	0.63	0.87
16	酵母		9.92	24.3	0.32	0.42	0.14	0.72	0.52	0.35
17	花生仁粕		10.88	47.8	0.27	0.56	0.17	1.4	0.41	0.4
18	大豆粕		10	44.2	0.33	0.62	0.16	2.68	0.59	0.65
19	玉米蛋白粉		14.27	56.3	0.04	0.44	0	0.92	1.14	0.76
20	亚麻仁粕		7.95	34.8	0.42	0.95	0.24	1.16	0.55	0.55
21	芝麻饼		8.95	39.2	2.24	1.19	0.31	0.82	0.82	0.75
22	国产鱼粉		12.13	53.5	5.88	3.2	3.2	3.87	1.39	0.49
23	猪油		38.11							
24	肉骨粉		9.96	50	9.2	4.7	4.3	2.6	0.67	0.33

图 2-3　各种饲料原料的主要营养成分

3)建立算法。分别在表格的 C3、D3、E3、F3、G3、H3、I3、J3 格中输入算法，即计算公式。C3 中输入公式：=SUM（B5*C5+B6*C6+B7*C7+B8*C8+…+B24*C24）/100。

D3 中输入公式：=SUM（B5*D5+B6*D6+B7*D7+B8*D8+…+B24*D24）/100。

E3 中输入公式：=SUM（B5*E5+B6*E6+B7*E7+B8*E8+…+B24*E24）/100。

F3 中输入公式：=SUM（B5*F5+B6*F6+B7*F7+B8*F8+…+B24*F24）/100。

G3 中输入公式：=SUM（B5*G5+B6*G6+B7*G7+B8*G8+…+B24*G24）/100。

H3 中输入公式：=SUM（B5*H5+B6*H6+B7*H7+B8*H8+…+B24*H24）/100。

I3 中输入公式：= SUM（B5*I5+B6*I6+B7*I7+B8*I8+…+B24*I24）/100。

J3 中输入公式：= SUM（B5*J5+B6*J6+B7*J7+B8*J8+…+B24*J24）/100。

C3 中输入公式见图 2-4，其他公式输入可参考 C3。

图 2-4　计算结果行的算法输入

4）配方设计和调整。确定饲料原料要预留预混合饲料、食盐、蛋氨酸、赖氨酸等所占的比例，一般为 1.5% 左右。将选择的饲料原料比例填入 B 列（图 2-5）。调整 B 列各种饲料原料的比例，使配方结果行的数值与营养元素标准值相符。

图 2-5　配方设计和调整

5）列出饲料配方。饲料配方为：玉米 60.4%，全脂大豆 12%，棉籽粕 6%，菜籽粕 4%，花生仁粕 6%，磷酸氢钙 1.05%，石粉 9%，食盐 0.32%，蛋氨酸 0.13%，赖氨酸 0.1%，预混料 1%。营养水平为：代谢能 11.53 兆焦/千克，粗蛋白质 16.54%，钙 3.5%，有效磷 0.33%，赖氨酸 0.73%，蛋氨酸 0.6%，胱氨酸 0.35%。

【注意】

第一，Excel 表格计算法可以先根据经验确定一个饲料原料比例，确定各种饲料原料的比例时要预留食盐、氨基酸和预混合饲料所占比例，然后根据配方结果值对饲料原料比例进行调整；第二，先将能量、粗蛋白质、钙、磷调整至符合标准后，再添加人工合成的氨基酸，使配方达到要求。第三，Excel 表格计算法也可以用于浓缩饲料配方的设计，将各营养元素的标准值更换为浓缩饲料的标准值，浓缩饲料的标准值＝（全价料营养含量－非浓缩饲料的营养含量）÷浓缩饲料的比例，即可进行设计计算。

第五节 饲料的配制加工

1. 土鸡配合饲料的种类及关系

土鸡配合饲料的种类及关系见图 2-6。

● 土鸡预混料是氨基酸、维生素、微量元素及非营养性添加剂等与稀释剂混合而成的。不能单独饲喂土鸡。占全价配合饲料的 1%~5%

● 土鸡浓缩料是预混料与蛋白质饲料混合而成的。不能单独饲喂土鸡。占全价配合饲料的 20%~40%

● 土鸡全价配合饲料是浓缩料与能量饲料混合而成的。营养全面均衡，可以直接饲喂土鸡

图 2-6 土鸡配合饲料的种类及关系

【注意】

规模化土鸡养殖场可以生产预混料,然后生产全价配合饲料;小型养殖场(户)可以直接购买预混料或浓缩料生产加工全价配合饲料。

2. 饲料原料的选购

不同饲料原料及选购标准见图2-7。

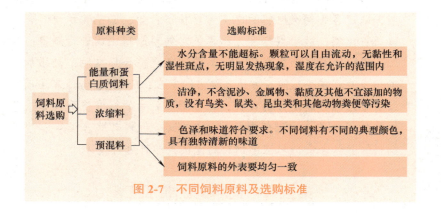

图2-7 不同饲料原料及选购标准

3. 饲料的贮存

饲料的贮存要求见图2-8。

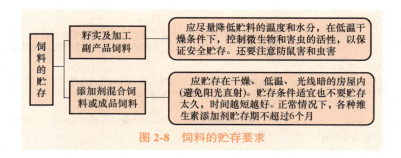

图2-8 饲料的贮存要求

4. 饲料的加工

饲料加工的程序一般是原料粉碎、混合、膨化制粒（土鸡饲养中多采用粉状料，较少进行膨化制粒）及饲料包装（图 2-9）。目前，饲料加工机械比较完备，可以根据加工量选择不同的机械加工设备（彩图 23 和彩图 24）。

饲料原料　　粉碎　　混合　　膨化制粒　　饲料包装

图 2-9　饲料的加工程序

第三章
土鸡的饲料配方实例

第一节 预混料配方

一、维生素预混料配方

育雏育成期土鸡维生素预混料配方见表3-1。

表3-1 育雏育成期土鸡维生素预混料配方 （单位：千克）

原料及规格	0~6 周龄			7~20 周龄		
	0.2% 维生素预混料	0.1% 维生素预混料	0.05% 维生素预混料	0.2% 维生素预混料	0.1% 维生素预混料	0.05% 维生素预混料
维生素 A（50万国际单位/克）	1.53	3.06	6.12	1.53	3.06	6.12
维生素 D_3（50万国际单位/克）	0.0392	0.0782	0.1466	0.0392	0.0782	0.1466
维生素 E（50%）	1.53	3.06	6.12	0.76	1.53	3.06
维生素 K_3（95%）	0.0335	0.067	0.134	0.0335	0.067	0.134
维生素 B_1（96%）	0.1092	0.2184	0.4368	0.0817	0.1634	0.3268
维生素 B_2（98%）	0.2414	0.4828	0.9856	0.1207	0.2414	0.4928
维生素 B_6	0.2235	0.4470	0.8930	0.2235	0.4470	0.8930
维生素 B_{12}（1%）	0.0503	0.1006	0.2012	0.0168	0.0335	0.0671

(续)

原料及规格	0~6 周龄			7~20 周龄		
	0.2% 维生素预混料	0.1% 维生素预混料	0.05% 维生素预混料	0.2% 维生素预混料	0.1% 维生素预混料	0.05% 维生素预混料
泛酸（90%）	0.7883	1.5776	3.1532	0.7883	1.5776	3.1532
烟酸（100%）	1.53	3.06	6.12	0.665	1.330	2.660
叶酸（98%）	0.0332	0.0664	0.1328	0.0164	0.0328	0.0656
生物素（2%）	0.525	1.050	2.100	0.400	0.800	1.600
抗氧化剂	0.015	0.03	0.06	0.015	0.03	0.06
载体	93.3514	86.702	73.3968	95.3099	90.6091	81.2209
合计	100	100	100	100	100	100

产蛋期土鸡维生素预混料配方见表 3-2。

表 3-2　产蛋期土鸡维生素预混料配方　　　（单位：千克）

原料及规格	产蛋率>60%			产蛋率≤60%		
	0.2% 维生素预混料	0.1% 维生素预混料	0.05% 维生素预混料	0.2% 维生素预混料	0.1% 维生素预混料	0.05% 维生素预混料
维生素 A（50万国际单位/克）	4.630	9.260	18.52	4.630	9.260	18.52
维生素 D_3（50万国际单位/克）	0.9788	1.9575	3.915	0.9788	1.9575	3.915
维生素 E（50%）	0.76	1.53	3.06	1.53	3.06	6.12
维生素 K_3（95%）	0.0335	0.067	0.134	0.0335	0.067	0.134
维生素 B_1（96%）	0.0561	0.1122	0.2244	0.0561	0.1122	0.2244
维生素 B_2（98%）	0.1607	0.3214	0.6428	0.2410	0.4820	0.9640
维生素 B_6	0.2235	0.4470	0.8930	0.3193	0.6386	1.2772

（续）

原料及规格	产蛋率>60%			产蛋率≤60%		
	0.2%维生素预混料	0.1%维生素预混料	0.05%维生素预混料	0.2%维生素预混料	0.1%维生素预混料	0.05%维生素预混料
维生素B_{12}（1%）	0.0265	0.0530	0.1060	0.0265	0.0530	0.1060
泛酸（90%）	0.1576	0.3152	0.6304	0.7883	1.5776	3.1532
烟酸（100%）	0.765	1.530	3.060	0.765	1.530	3.060
叶酸（98%）	0.0164	0.0328	0.0656	0.0220	0.0440	0.0880
生物素（2%）	0.400	0.800	1.600	0.525	1.050	2.100
抗氧化剂	0.015	0.03	0.06	0.015	0.03	0.06
载体	91.7769	83.5439	67.0888	90.0695	80.1381	60.2782
合计	100	100	100	100	100	100

肉用土鸡维生素预混料配方见表3-3。

表3-3 肉用土鸡维生素预混料配方 （单位：千克）

原料及规格	0~4周龄			5周龄以上		
	0.2%维生素预混料	0.1%维生素预混料	0.05%维生素预混料	0.2%维生素预混料	0.1%维生素预混料	0.05%维生素预混料
维生素A（50万国际单位/克）	3.605	7.210	14.42	3.605	7.210	14.42
维生素D_3（50万国际单位/克）	0.0314	0.0628	0.1256	0.0314	0.0628	0.1256
维生素E（50%）	1.53	3.06	6.12	1.53	3.06	6.12
维生素K_3（95%）	0.0335	0.067	0.134	0.0335	0.067	0.134
维生素B_1（96%）	0.1092	0.2184	0.4368	0.1092	0.2184	0.4368
维生素B_2（98%）	0.4828	0.9656	1.9212	0.2414	0.4828	0.9856

(续)

原料及规格	0~4 周龄			5 周龄以上		
	0.2% 维生素预混料	0.1% 维生素预混料	0.05% 维生素预混料	0.2% 维生素预混料	0.1% 维生素预混料	0.05% 维生素预混料
维生素 B_6	0.2235	0.4470	0.8930	0.2235	0.4470	0.8930
维生素 B_{12}（1%）	0.0503	0.1006	0.2012	0.0503	0.1006	0.2012
泛酸（90%）	0.7883	1.5776	3.1532	0.7883	1.5776	3.1532
烟酸（100%）	1.53	3.06	6.12	1.53	3.06	6.12
叶酸（98%）	0.0332	0.0664	0.1328	0.0332	0.0664	0.1328
生物素（2%）	0.525	1.050	2.100	0.525	1.050	2.100
抗氧化剂	0.015	0.03	0.06	0.015	0.03	0.06
载体	91.0428	82.0846	64.1822	91.2842	82.5674	65.1178
合计	100	100	100	100	100	100

二、微量元素预混料配方

育雏育成期土鸡微量元素预混料配方见表3-4。

表 3-4 育雏育成期土鸡微量元素预混料配方　（单位：千克）

原料及规格	0~6 周龄			7~20 周龄		
	1% 微量元素预混料	0.5% 微量元素预混料	0.2% 微量元素预混料	1% 微量元素预混料	0.5% 微量元素预混料	0.2% 微量元素预混料
硫酸亚铁	4.0613	8.1226	20.3065	3.046	6.092	15.23
硫酸铜	0.3201	0.6402	1.6005	0.2401	0.4802	1.2005
硫酸锌	1.7981	3.5962	8.9905	1.5733	3.1466	7.8665
硫酸锰	2.6853	5.3706	13.4225	1.3427	2.6854	6.7135

（续）

原料及规格	0~6 周龄			7~20 周龄		
	1% 微量元素预混料	0.5% 微量元素预混料	0.2% 微量元素预混料	1% 微量元素预混料	0.5% 微量元素预混料	0.2% 微量元素预混料
碘化钾	0.0047	0.0094	0.0235	0.0047	0.0094	0.0235
亚硒酸钠	0.0034	0.0068	0.0170	0.0022	0.0044	0.010
轻质碳酸钙	91.1271	82.2542	55.6395	93.791	87.5820	68.956
合计	100	100	100	100	100	100

产蛋期土鸡微量元素预混料配方见表 3-5。

表 3-5　产蛋期土鸡微量元素预混料配方　（单位：千克）

原料及规格	产蛋率 >65%			产蛋率 ≤65%		
	1% 微量元素预混料	0.5% 微量元素预混料	0.2% 微量元素预混料	1% 微量元素预混料	0.5% 微量元素预混料	0.2% 微量元素预混料
硫酸亚铁	2.5383	5.0766	12.6915	1.5230	3.0460	7.615
硫酸铜	0.2401	0.4802	1.2005	0.3201	0.6402	1.6005
硫酸锌	2.2476	4.4952	11.238	2.9219	5.8438	14.6095
硫酸锰	2.6853	5.3706	13.4225	1.3427	2.6854	6.7135
碘化钾	0.0040	0.0080	0.020	0.0040	0.0080	0.020
亚硒酸钠	0.0022	0.0044	0.010	0.0022	0.0044	0.010
轻质碳酸钙	92.2825	84.565	61.4175	93.8861	87.7722	69.4315
合计	100	100	100	100	100	100

肉用土鸡微量元素预混料配方见表 3-6。

表 3-6　肉用土鸡微量元素预混料配方　（单位：千克）

原料及规格	1% 微量元素预混料	0.8% 微量元素预混料	0.5% 微量元素预混料	0.4% 微量元素预混料	0.2% 微量元素预混料
硫酸亚铁	4.0613	5.0766	8.1226	10.1532	20.3065
硫酸铜	0.3201	0.4001	0.6402	0.8002	1.6005
硫酸锌	1.7981	2.2476	3.5962	4.4952	8.9905
硫酸锰	2.6853	3.3556	5.3706	6.7113	13.4225
碘化钾	0.0047	0.0059	0.0094	0.0118	0.0235
亚硒酸钠	0.0034	0.0043	0.0068	0.0085	0.0170
轻质碳酸钙	91.1271	88.9099	82.2542	77.8198	55.6395
合计	100	100	100	100	100

三、复合预混料配方

育雏育成期土鸡复合预混料配方见表 3-7。

表 3-7　育雏育成期土鸡复合预混料配方　（单位：毫克）

原料及规格	0~8 周龄		9~18 周龄		19 周龄至开产	
	1% 复合预混料	4% 复合预混料	1% 复合预混料	4% 复合预混料	1% 复合预混料	4% 复合预混料
七水硫酸亚铁	40000	10750	30000	7750	32500	7750
五水硫酸铜	3170	820	2380	600	3770	820
一水硫酸锰	20340	5250	13560	3550	20340	5340
一水硫酸锌	16900	4500	11260	2820	22530	5773
亚硒酸钠（1%）	6660	1770	6690	1700	6660	1770
碘化钾（1%）	5100	1340	5080	1400	5080	1350
维生素 A（50 万国际单位/克）	1200	300	1200	300	1200	300
维生素 D（50 万国际单位/克）	220	60	200	45	220	45

(续)

原料及规格	0~8 周龄		9~18 周龄		19 周龄至开产	
	1%复合预混料	4%复合预混料	1%复合预混料	4%复合预混料	1%复合预混料	4%复合预混料
维生素 E（50%）	2000	600	2000	450	2000	430
维生素 K（50%）	300	90	300	75	300	100
维生素 B_1（80%）	230	70	170	45	170	45
维生素 B_2（96%）	380	100	190	50	250	60
泛酸（90%）	1230	305	1220	305	1220	305
烟酸（99%）	3030	810	1210	300	1210	300
维生素 B_6（80%）	375	95	380	95	380	95
维生素 B_{12}（1%）	100	25	30	8	40	10
叶酸（80%）	65	15	30	7	30	7
抗氧化剂	300	300	300	300	300	300
载体	898400	972800	923800	980200	901800	975200
合计	1000000	1000000	1000000	1000000	1000000	1000000

产蛋期土鸡复合预混料配方见表 3-8。

表 3-8　产蛋期土鸡复合预混料配方　　（单位：毫克）

原料及规格	产蛋高峰期		产蛋高峰后		种用鸡	
	1%复合预混料	4%复合预混料	1%复合预混料	4%复合预混料	1%复合预混料	4%复合预混料
七水硫酸亚铁	32500	8250	31000	7750	22000	4400
五水硫酸铜	3180	850	3170	820	2500	500
一水硫酸锰	20340	5593	20340	5333	21400	4250
一水硫酸锌	22540	6200	22540	5775	18020	3600
亚硒酸钠（1%）	6660	1780	6700	1660	7110	1420
碘化钾（1%）	5080	1330	5100	1270	5380	1070

（续）

原料及规格	产蛋高峰期		产蛋高峰后		种用鸡	
	1%复合预混料	4%复合预混料	1%复合预混料	4%复合预混料	1%复合预混料	4%复合预混料
维生素A（50万国际单位/克）	2400	600	2400	600	3000	600
维生素D（50万国际单位/克）	400	100	400	100	520	104
维生素E（50%）	1200	270	1200	250	2400	480
维生素K（50%）	300	100	300	75	800	160
维生素B_1（80%）	100	25	100	25	105	21
维生素B_2（96%）	280	65	280	65	420	85
泛酸（90%）	270	65	290	60	1175	235
烟酸（99%）	2200	560	2200	505	3330	667
维生素B_6（80%）	380	95	380	95	600	120
维生素B_{12}（1%）	40	10	40	10	400	80
叶酸（80%）	30	7	30	7	40	8
抗氧化剂	300	300	300	300	300	300
载体	901800	973800	903230	975300	910500	981900
合计	1000000	1000000	1000000	1000000	1000000	1000000

第二节 浓缩饲料配方

一、土鸡或蛋用土鸡浓缩饲料配方

1. 土鸡浓缩饲料配方

育雏期土鸡浓缩饲料配方见表3-9、表3-10。

表 3-9 0~6 周龄土鸡浓缩饲料配方一

原料	配方1	配方2	配方3	配方4	配方5	配方6	配方7	配方8	配方9
玉米（%）	19.1	17	14.7	14	18	21.15	22.69	23.16	22.53
小麦麸（%）	1.12	3.81	4.22	8.18	5	3.62			2
全脂大豆（%）			5	5.3	5.44				
肉骨粉（%）								5	8
大豆粕（%）	33	33	34.65	26.8	30.1	30	17	19	21
磷酸氢钙（%）	3.2	3.2	3.2	2.5	2.5	2.56	2.55	2.3	1.85
石粉（%）	3.7	3.7	3.3	2.85	2.85	3.2	3.15	2.8	2.3
棉籽粕（%）	12	10				9	16	15	10
菜籽粕（%）	10	7				8	16	15	8.6
国产鱼粉（%）				5	5	5	5		
猪油（%）	0.75								
花生仁粕（%）	13.5	13.7	14	14	14	14	14	14	14
亚麻仁饼（%）			10	10	11				6
芝麻饼（%）			7	7.7	8				
食盐（%）	0.8	0.8	0.8	0.75	0.74	0.75	0.75	0.8	0.8
蛋氨酸（%）	0.06	0.06	0.04		0.01	0.02	0.02	0.05	0.06
赖氨酸（%）	0.27	0.23	0.29	0.28	0.30	0.2	0.34	0.39	0.36
1% 预混料（%）	2.5	2.5	2.5	2.5	2.5	2.5	2.5	2.5	2.5

注：配比方法为 40% 浓缩饲料 +60% 玉米。

表 3-10　0~6 周龄土鸡浓缩饲料配方二

原料	配方10	配方11	配方12	配方13	配方14	配方15	配方16	配方17	配方18
玉米（%）							4.44	7.5	2.22
碎米（%）				5.2	3.59	2.9			
次粉（%）	12	11.18	11.33						
小麦麸（%）	2.86	2.94	2.92	4.21	6.97	6.97	6.47	6	18
全脂大豆（%）				9	11	9	6.5		
啤酒酵母（%）						6	6.5	6.5	
肉骨粉（%）				8	10	10	10	10	10
大豆粕（%）	28	29	29				9.5	24.94	20.5
磷酸氢钙（%）	2.9	2.8	2.8	2.2	1.8	1.8	1.9	1.9	1.05
石粉（%）	3.25	3	3.3	2	2.1	1.65	2.1	2.2	1.65
棉籽粕（%）	13	7	10	16	16	16	16	10	10
菜籽粕（%）	13	7	9.6	16	16	16	16	10	10
国产鱼粉（%）	6	6	6						6
猪油（%）									1.5
花生仁粕（%）	15	15	15	15	16	16	16.2	16.65	15
亚麻仁饼（%）		6	6	10	12.2				
芝麻饼（%）		6		8		9.2			
食盐（%）	0.87	0.87	0.87	0.9	0.9	1.0	1.0	1.0	0.9
蛋氨酸（%）	0.03	0.02	0.03	0.03	0.05	0.02	0.05	0.06	0.03
赖氨酸（%）	0.24	0.34	0.3	0.61	0.54	0.61	0.49	0.40	0.3
1%预混料（%）	2.85	2.85	2.85	2.85	2.85	2.85	2.85	2.85	2.85

注：配比方法为35%浓缩饲料+65%玉米。

育成期土鸡浓缩饲料配方见表3-11~表3-14。

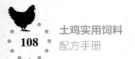

表 3-11　7~14 周龄土鸡浓缩饲料配方一

原料	配方1	配方2	配方3	配方4	配方5	配方6	配方7	配方8	配方9
玉米（%）	19.3	20.72	19.32	21.12	23.04	23.04			
小麦麸（%）	10.2	7.3	11.7	13.76	12.4	13.91	14.49	10.5	15.7
糙米（%）							22	22	22.96
稻谷（%）			9.5	9.29					
次粉（%）	10								
大豆粕（%）	21	22							
磷酸氢钙（%）	2.5	2.6	2.55	2.5	2.5	2.45	2.35	2.4	2.4
石粉（%）	3.1	3	3.1	2.5	2.5	2.65	2.72	3.12	3.2
棉籽粕（%）	16	16	14		12	13	13		12
菜籽粕（%）	14.5	15.5	14.3					11	12
向日葵仁粕（%）				8.29	8.2	8.2	8.2	9.2	
DDGS（%）				4	5	5	6.5	6.5	6.5
花生仁粕（%）			22	20	18.5	16	16	20.5	21.5
亚麻仁饼（%）				12	12		11		
芝麻饼（%）				12		12	11		
食盐（%）	0.85	0.85	0.85	0.85	0.85	0.85	0.85	0.85	0.85
蛋氨酸（%）	0.03	0.01	0.06	0.01	0.03	0.01	0.02	0.03	0.06
赖氨酸（%）	0.02	0.02	0.33	0.47	0.48	0.39	0.37	0.4	0.33
1% 预混料（%）	2.5	2.5	2.5	2.5	2.5	2.5	2.5	2.5	2.5

注：配比方法为 40% 浓缩饲料 +60% 玉米。

表 3-12　7~14 周龄土鸡浓缩饲料配方二

原料	配方10	配方11	配方12	配方13	配方14	配方15	配方16	配方17	配方18
玉米（%）	29.04	27.44							
糙米（%）						26.81	24.6		
稻谷（%）								24.8	28.1
次粉（%）			34.4	34.38	34				
大豆粕（%）	22	31	24.3	25.1	25.4	26.35	30.15	24	
磷酸氢钙（%）	2.95	2.95	2.45	2.45	2.44	2.6	2.85	2.9	1.5
石粉（%）	3.45	3.45	3	3.2	3.21	3.3	3.45	3.5	2.15
棉籽粕（%）	14	14	13	13	13.09	13.09	13.1	10	13
菜籽粕（%）	14.6	14.3	11	11	11	12	12	10	13
酵母（%）							6	4	8
国产鱼粉（%）			3	3	3	2			
肉骨粉（%）									8
猪油（%）								1.85	1.09
花生仁粕（%）	10							15	21
亚麻仁饼（%）			3		4				
芝麻饼（%）			5						
向日葵仁粕（%）					4	10	4		
食盐（%）	1	1	1	1	1	1	1	1	1
蛋氨酸（%）	0.04	0.01		0.02	0.01			0.04	0.04
赖氨酸（%）	0.07							0.06	0.27
1% 预混料（%）	2.85	2.85	2.85	2.85	2.85	2.85	2.85	2.85	2.85

注：配比方法为 35% 浓缩饲料 +60% 玉米 +5% 小麦麸。

表 3-13　15~20 周龄土鸡浓缩饲料配方一

原料	配方1	配方2	配方3	配方4	配方5	配方6	配方7	配方8	配方9
玉米（%）							20.43	20	20
小麦麸（%）	39	38.5	38.5	34.5	34.7	22.94	26.04	30.04	30.04
稻谷（%）					23.69	21.35			
次粉（%）	37.29	35.31	35.59	30.09					
啤酒酵母（%）				12.3	12.3	12.3	8.3		
磷酸氢钙（%）	1.8	1.7	1.8	1.9	1.05	1.1	1.5	1.4	1.9
石粉（%）	2.95	2.9	2.45	2.9	2.05	1.9	2.3	2.15	2.6
棉籽粕（%）	7.5				6		3	5	5
菜籽粕（%）	8	9				10	10	5	8
向日葵仁粕（%）				14.8					
米糠（%）					9.8	22	22	22	21
肉骨粉（%）					5	5	3	3	
亚麻仁饼（%）		9.1	9.1					4	4
芝麻饼（%）			9					4	4
食盐（%）	0.85	0.85	0.85	0.85	0.85	0.85	0.85	0.85	0.85
赖氨酸（%）	0.11	0.14	0.21	0.16	0.06	0.06	0.08	0.06	0.11
1% 预混料（%）	2.5	2.5	2.5	2.5	2.5	2.5	2.5	2.5	2.5

注：配比方法为 40% 浓缩饲料 +60% 玉米。

表 3-14　15~20 周龄土鸡浓缩饲料配方二

原料	配方10	配方11	配方12	配方13	配方14	配方15	配方16	配方17	配方18
玉米（%）		10	29.73	35.2	35	35.18	33.19	33.17	24.5
小麦麸（%）	20		10.5	16.5	16.39	15.4	3.8		

（续）

原料	配方10	配方11	配方12	配方13	配方14	配方15	配方16	配方17	配方18
稻谷（%）							9	9	19
次粉（%）	19.7	13.39							
啤酒酵母（%）	5								
磷酸氢钙（%）	2.15	2.25	2.3	2.3	2.3	2.3	2.35	2.35	2.3
石粉（%）	3.25	2.5	2.5	2.5	2.5	2.25	2.15	2	1.91
棉籽粕（%）	9	11	5	5.5	5.3		12.6	12.46	
菜籽粕（%）	8	8	5	5					12.46
花生仁粕（%）			9	9	9	9			
苜蓿草粉（17%）		20	20	20	20	20	22	26.15	21.88
米糠（%）	29	29	12						
亚麻仁饼（%）					5.5	5.9	5.9	5.9	6.9
芝麻饼（%）						5.9	5	5	7
食盐（%）	1	1	1	1	1	1	1	1	1
赖氨酸（%）	0.05	0.01	0.12	0.15	0.16	0.22	0.16	0.12	0.2
1%预混料（%）	2.85	2.85	2.85	2.85	2.85	2.85	2.85	2.85	2.85

注：配比方法为35%浓缩饲料+60%玉米+5%小麦麸。

2. 蛋用土鸡浓缩饲料配方

蛋用土鸡产蛋期浓缩饲料配方见表3-15~表3-20。

表3-15 蛋用土鸡产蛋期（产蛋率>80%）浓缩饲料配方一

原料	配方1	配方2	配方3	配方4	配方5	配方6	配方7	配方8	配方9
玉米（%）	0.57		8.91						
小麦麸（%）				7.57			4.16		

（续）

原料	配方1	配方2	配方3	配方4	配方5	配方6	配方7	配方8	配方9
全脂大豆（%）	10							20.5	20
次粉（%）					6.66	6.61		6.08	6.73
啤酒酵母（%）								6.3	6.3
磷酸氢钙（%）	2.55	2.5	1.6	1.5	1.5	1.15	0.95	0.95	0.75
石粉（%）	22.5	22	21.8	21.8	21.8	21.3	20.7	20.6	20.7
棉籽粕（%）	12.8	12.2	10	10	11.5	11.5	10.5	8.5	9
菜籽粕（%）	15	14.32	10	10	10	10	10.69	9	9
花生仁粕（%）	15	16	16	16	10	10.49	10.45	10.4	10.4
大豆粕（%）	14	16	16.62	16	16.57	16.57	10		
猪油（%）	3.9	6.2	3.5	5.56	4.5	4.7	6.3		
肉骨粉（%）						8	9	9	10.5
国产鱼粉（%）			8	8	8				
亚麻仁饼（%）		4			6	6	6.5		3
芝麻饼（%）		3					7	5	
食盐（%）	0.85	0.85	0.85	0.85	0.80	0.85	0.85	0.85	0.85
蛋氨酸（%）	0.12	0.12	0.08	0.08	0.06	0.12	0.09	0.09	0.09
赖氨酸（%）	0.21	0.31	0.14	0.14	0.11	0.21	0.31	0.23	0.18
1%预混料（%）	2.5	2.5	2.5	2.5	2.5	2.5	2.5	2.5	2.5

注：配比方法为40%浓缩饲料+60%玉米。

表 3-16　蛋用土鸡产蛋期（产蛋率 >80%）浓缩饲料配方二

原料	配方10	配方11	配方12	配方13	配方14	配方15	配方16	配方17	配方18
玉米（%）					3.9				18.08
小麦麸（%）					5.36	8.82	8.55	9.69	
全脂大豆（%）	21	21	21	21	21	21			
次粉（%）	11.48	10.3	6.36	9.18					
啤酒酵母（%）			6	6	6	5	5		
磷酸氢钙（%）	1.65	1.5	1.5	1.8	1.76	1.4	1.33	1.31	1.45
石粉（%）	10.5	10.15	10.15	10.65	10.6	10	10.02	10.05	10
棉籽粕（%）	10	9		7.36	6.36	8	7.99	7	5
菜籽粕（%）	11.3	12	15	14	14	12.5	12.5	12	5
花生仁粕（%）	10	11	15	10	11	11	12.5	13	13
大豆粕（%）		10					15.6	15	15
玉米蛋白粉（%）				7	7	7.5	7.5	7.5	15.5
肉骨粉（%）						9	9	9	9
国产鱼粉（%）	10	11	11	9	9				
亚麻仁饼（%）			5	5				5	
芝麻饼（%）			5	5					3.6
猪油（%）						1.5	5.7	6.13	
食盐（%）	1	1	0.9	0.9	0.9	1	1	1	1
蛋氨酸（%）	0.22	0.2	0.2	0.19	0.18	0.18	0.26	0.25	0.21
赖氨酸（%）			0.04	0.07	0.09	0.25	0.2	0.22	0.31
1% 预混料（%）	2.85	2.85	2.85	2.85	2.85	2.85	2.85	2.85	2.85

注：配比方法为 35% 浓缩饲料 +60% 玉米 +5% 石粉。

表 3-17 蛋用土鸡产蛋期（65%≤产蛋率≤80%）浓缩饲料配方一

原料	配方1	配方2	配方3	配方4	配方5	配方6	配方7	配方8	配方9
玉米（%）	12.24		11	12	18	18.57			
小麦麸（%）				3.08	2.17				
全脂大豆（%）	8	8	8	7					
稻谷（%）			10.65	8	8	8	9	9	
次粉（%）							22	32	32.09
啤酒酵母（%）			5	5	5				
磷酸氢钙（%）	2.45	2.4	2.5	1.5	1.5	1.45	1.4	1.55	1.25
石粉（%）	21.75	21.7	22	21.3	21.3	21.3	21.3	21.5	20.95
棉籽粕（%）	12	12	7.48	7	4	7	7	7	7
菜籽粕（%）	12	12	7	6.5	4	6.5	5	5	5.2
花生仁粕（%）	14.5	15	15						
大豆粕（%）				7	14	14.17	12	12	12
玉米蛋白粉（%）			10	10	10	10	10.27	10.22	10.77
猪油（%）	3.1	4.3							
肉骨粉（%）									7
国产鱼粉（%）				8	8.4	8.4	8.4	7	
亚麻仁饼（%）	5	5							
芝麻饼（%）	5	5							
食盐（%）	0.85	0.85	0.85	0.8	0.8	0.8	0.8	0.85	0.85
蛋氨酸（%）	0.22	0.22	0.19	0.1	0.11	0.11	0.13	0.15	0.19
赖氨酸（%）	0.39	0.38	0.48	0.22	0.22	0.2	0.2	0.23	0.2
1%预混料（%）	2.5	2.5	2.5	2.5	2.5	2.5	2.5	2.5	2.5

注：配比方法为40%浓缩饲料+60%玉米。

表 3-18　蛋用土鸡产蛋期（65%≤产蛋率≤80%）浓缩饲料配方二

原料	配方10	配方11	配方12	配方13	配方14	配方15	配方16	配方17	配方18
玉米（%）	13.52	11.73	15.45	20.33				30	
小麦麸（%）							24.5		
全脂大豆（%）	25	25							
稻谷（%）									27.68
次粉（%）					34.53	34.47			
啤酒酵母（%）	4	4							
磷酸氢钙（%）	2.85	2.85	2.85	2.87	2.07	1.9	1.7	1.6	1.3
石粉（%）	10.8	10.7	10.8	10.9	10.5	10.3	10.4	9.6	9.55
棉籽粕（%）	15			11.5	3.5	4.1	5.1	5.55	4.54
菜籽粕（%）	13.5	15	10	10		3	5.5	5	3.5
花生仁粕（%）	11	11.3	12.3	11	11				
大豆粕（%）			25	21	21	27	26.5	27	27
玉米蛋白粉（%）		3	3	5	7.2	8.2	8.2	9	11
肉骨粉（%）								8	9
国产鱼粉（%）					6	7	7		
亚麻仁饼（%）			12	12					
猪油（%）				4.2	3		7.07		2.2
食盐（%）	1	1	1	1	0.90	0.9	0.9	1	1
蛋氨酸（%）	0.24	0.22	0.25	0.24	0.22	0.18	0.17	0.19	0.2
赖氨酸（%）	0.24	0.35	0.3	0.31	0.23	0.1	0.11	0.21	0.18
1%预混料（%）	2.85	2.85	2.85	2.85	2.85	2.85	2.85	2.85	2.85

注：配比方法为35%浓缩饲料+60%玉米+5%石粉。

表 3-19 蛋用土鸡产蛋期（产蛋率 <65%）浓缩饲料配方一

原料	配方1	配方2	配方3	配方4	配方5	配方6	配方7	配方8	配方9
玉米（%）	12.59		11.55	12	18	18.92			
小麦麸（%）				3.43	2.52				
全脂大豆（%）	8	8	8	7					
稻谷（%）		11	8	8	8	9	9		
次粉（%）							22.55	32.35	32.44
啤酒酵母（%）			5	5	5				
磷酸氢钙（%）	2.25	2.2	2.3	1.3	1.3	1.25	1.0	1.35	1.05
石粉（%）	21.75	21.7	22	21.3	21.3	21.3	21.3	21.5	20.95
棉籽粕（%）	12	12	7.48	7	4	7	7	7	7
菜籽粕（%）	12	12	7	6.5	4	6.5	5	5	5.2
花生仁粕（%）	14.5	15	15						
大豆粕（%）				7	14	14.17	12	12	12
玉米蛋白粉（%）			10	10	10	10	10.27	10.22	10.77
猪油（%）	3.1	4.3							
肉骨粉（%）									7
国产鱼粉（%）				8	8.4	8.4	8.4	7	
亚麻仁饼（%）	5	5							
芝麻饼（%）	5	5							
食盐（%）	0.85	0.85	0.85	0.8	0.8	0.8	0.8	0.85	0.85
蛋氨酸（%）	0.17	0.17	0.14	0.05	0.06	0.06	0.08	0.1	0.14
赖氨酸（%）	0.29	0.28	0.18	0.12	0.12	0.1	0.1	0.13	0.1
1% 预混料（%）	2.5	2.5	2.5	2.5	2.5	2.5	2.5	2.5	2.5

注：配比方法为 40% 浓缩饲料 +60% 玉米。

表 3-20　蛋用土鸡产蛋期（产蛋率 <65%）浓缩饲料配方二

原料	配方 10	配方 11	配方 12	配方 13	配方 14	配方 15	配方 16	配方 17	配方 18
玉米（%）	13	12.18	15.9	20.78				30.45	
小麦麸（%）	0.97						24.95		
全脂大豆（%）	25	25							
稻谷（%）									28.08
次粉（%）					34.97	34.91			
啤酒酵母（%）	4	4							
磷酸氢钙（%）	2.60	2.6	2.6	2.62	1.82	1.65	1.45	1.35	1.1
石粉（%）	10.8	10.7	10.8	10.9	10.5	10.3	10.4	9.6	9.55
棉籽粕（%）	15			11.5	3.5	4.1	5.1	5.55	4.54
菜籽粕（%）	13.5	15	10	10		3	5.5	5	3.5
花生仁粕（%）	11	11.3	12.3	11	11				
大豆粕（%）			25	21	21	27	26.5	27	27
玉米蛋白粉（%）		3	3	5	7.2	8.2	8.2	9	11
肉骨粉（%）								8	9
国产鱼粉（%）					6	7	7		
亚麻仁饼（%）			12	12					
猪油（%）				4.2	3		7.07		2.2
食盐（%）	1	1	1	1	0.90	0.9	0.9	1	1
蛋氨酸（%）	0.15	0.13	0.16	0.15	0.14	0.09	0.08	0.1	0.11
赖氨酸（%）	0.13	0.24	0.19	0.2	0.12			0.1	0.07
1% 预混料（%）	2.85	2.85	2.85	2.85	2.85	2.85	2.85	2.85	2.85

注：配比方法为 35% 浓缩饲料 +60% 玉米 +5% 石粉。

二、肉用土鸡浓缩饲料配方

肉用土鸡浓缩饲料配方见表 3-21、表 3-22。

表 3-21　0~4 周龄肉用土鸡浓缩饲料配方

原料	配方1	配方2	配方3	配方4	配方5	配方6	配方7	配方8	配方9
玉米（%）		5.53					0.89		
小麦麸（%）			5.3	5.29	4.28	4.37			
糙米（%）	5.66							1	
啤酒酵母（%）						3.56	3	3	4
磷酸氢钙（%）	2.1	2.15	2.25	2.25	1.75	1.72	2.15	2.15	2.1
石粉（%）	3.3	3.28	3.45	3.45	2.6	2.55	2.85	2.8	2.75
棉籽粕（%）	4.6	4.5	1		2				
菜籽粕（%）				1	1				
花生仁粕（%）	19.5	19.5	19	19	19	19	19	18	18
大豆粕（%）	47.5	47.5	47	47	47	45	45	45	44
玉米蛋白粉（%）			4.4	4.4	4	6	5	5	5
猪油（%）	1	1.2	2.2	2.2	2.7	2.1	2.1	2.15	2.4
肉骨粉（%）					11.5	11.5	9	9	9
国产鱼粉（%）	12.5	12.5	11.5	11.5					
亚麻仁饼（%）							4.3	4.18	4.3
芝麻饼（%）							2.5	3.5	4.21
食盐（%）	0.8	0.8	0.8	0.8	0.85	0.85	0.85	0.85	0.85
蛋氨酸（%）	0.23	0.23	0.3	0.3	0.38	0.36	0.35	0.35	0.35
赖氨酸（%）	0.31	0.31	0.3	0.31	0.44	0.49	0.51	0.52	0.54
1% 预混料（%）	2.5	2.5	2.5	2.5	2.5	2.5	2.5	2.5	2.5

注：配比方法为 40% 浓缩饲料 +60% 玉米。

表 3-22　5 周龄以上肉用土鸡浓缩饲料配方

原料	配方1	配方2	配方3	配方4	配方5	配方6	配方7	配方8	配方9
玉米（%）	3.48	6.08	4.38				22.62	22.67	21.02
稻谷（%）						16.5			
糙米（%）					17.66				
次粉（%）						15.21			
啤酒酵母（%）									3.5
磷酸氢钙（%）	3.15	3.2	3.2	2	1.95	1.92	1.55	1.55	1.58
石粉（%）	4.1	4.1	3.8	3.1	3.15	3.12	2.5	2.43	2.45
棉籽粕（%）	10	13			7.62	7	6		
菜籽粕（%）	10					6		4	
花生仁粕（%）	20	22	22	20	18.5	18	18.5	19.5	19.57
大豆粕（%）	37.5	41	41	41	36	30	30	31	32.55
玉米蛋白粉（%）							5	5	5.5
猪油（%）	8	6.9	7.1	2.8	2.8	5.2			
肉骨粉（%）							10	10	10
国产鱼粉（%）				10	10	10			
亚麻仁饼（%）				7.2					
芝麻饼（%）				7.5					
食盐（%）	0.85	0.85	0.85	0.8	0.8	0.8	0.85	0.85	0.85
蛋氨酸（%）	0.05	0.06	0.04				0.03	0.03	0.02
赖氨酸（%）	0.37	0.31	0.43	0.14	0.18	0.25	0.45	0.47	0.46
1% 预混料（%）	2.5	2.5	2.5	2.5	2.5	2.5	2.5	2.5	2.5

注：配比方法为 40% 浓缩饲料 +60% 玉米。

第三节 全价配合饲料配方

一、土鸡或蛋用土鸡全价配合饲料配方

1. 土鸡全价配合饲料配方

育雏期土鸡全价配合饲料配方及营养水平见表 3-23~表 3-25。

表 3-23　0~6 周龄土鸡全价配合饲料配方一及营养水平

	项目	配方1	配方2	配方3	配方4	配方5	配方6	配方7	配方8	配方9
原料	玉米（%）	67.33	60.2	55	67.24	61.87	62	67.46	66	66.1
	高粱（%）					3	3			
	小麦（%）		5.0	5			2			
	大麦（裸）（%）					1				
	糙米（%）			5		1	1			
	小麦麸（%）	1.15	5.85	3.59	2	1.46	0.32	3.53	4.81	3
	全脂大豆（%）		4.0	4		2	2	1	1	1
	大豆饼（%）		5.0		5	4	4			
	大豆粕（%）	13		5	10	9	9	13	20	24
	骨粉（%）	2	1.45	1.85	1.8	2.2	2.2	1.5	1.8	2.5
	石粉（%）							0.1		
	棉籽粕（%）	5	5	5	5	5	3	3		
	菜籽粕（%）	4	4	4	2.5	3	3	3	1	1
	花生仁饼（%）		5							
	鱼粉（%）	1	3		1	1	1	4	3	
	花生仁粕（%）	5		5	2	2	2	2	1	1
	亚麻仁饼（%）			5	2	2	2			

(续)

	项目	配方1	配方2	配方3	配方4	配方5	配方6	配方7	配方8	配方9
原料	芝麻饼（%）						2			
	食盐（%）	0.35	0.35	0.35	0.35	0.35	0.35	0.35	0.35	0.35
	蛋氨酸（%）	0.06	0.04	0.05	0.04	0.05	0.04	0.04	0.04	0.05
	赖氨酸（%）	0.11	0.11	0.16	0.07	0.07	0.09	0.02		
	1%预混料（%）	1	1	1	1	1	1	1	1	1
营养水平	代谢能/（兆焦/千克）	11.92	11.92	11.81	11.85	11.89	11.85	11.92	11.99	11.87
	粗蛋白质（%）	18.0	18.0	17.95	17.98	18.0	17.72	18.0	18.1	18.0
	钙（%）	0.84	0.81	0.80	0.80	0.83	0.81	0.81	0.81	0.85
	有效磷（%）	0.40	0.42	0.40	0.40	0.40	0.37	0.40	0.41	0.40
	赖氨酸（%）	0.85	0.85	0.85	0.85	0.85	0.85	0.85	0.88	0.87
	蛋氨酸（%）	0.30	0.30	0.30	0.30	0.30	0.30	0.30	0.31	0.33

表3-24 0~6周龄土鸡全价配合饲料配方二及营养水平

	项目	配方10	配方11	配方12	配方13	配方14	配方15	配方16	配方17	配方18
原料	玉米（%）	67.65	66.08	66.1	67.09	66.29	63.39	60.87	64	61.9
	碎米（%）									3
	大麦（裸）（%）		1	1						
	糙米（%）						3	3		
	次粉（%）							4	4	6
	小麦麸（%）	1.4	4	3	3	3.5	2.5	2	2.22	
	全脂大豆（%）	1					1			
	大豆粕（%）	19	21	21	25	14	12	12	12	12

(续)

	项目	配方10	配方11	配方12	配方13	配方14	配方15	配方16	配方17	配方18
原料	磷酸氢钙（%）	1.7	1	1	1.6	1.2	1.1	1.1	0.9	1
	石粉（%）	0.8	0.5	0.5	0.9	0.6	0.6	0.6	0.5	0.6
	棉籽粕（%）	2				2	2	2	2	2
	菜籽粕（%）	1				1.9	1.9	1.9	1.9	3
	花生仁饼（%）					2	2	2	2	2
	鱼粉（%）								2	1
	肉骨粉（%）		3	3		2	2	2	2	2
	花生仁粕（%）	2	2	1	1	1	1	1	2	2
	亚麻仁粕（%）			1		2	2	2	3	2
	芝麻饼（%）			1		2	2			
	玉米蛋白粉（%）	2				2	2	2		
	食盐（%）	0.35	0.35	0.35	0.35	0.35	0.35	0.35	0.35	0.35
	蛋氨酸（%）	0.05	0.07	0.05	0.06	0.06	0.04	0.05	0.06	0.06
	赖氨酸（%）	0.05				0.1	0.12	0.13	0.07	0.09
	1%预混料（%）	1	1	1	1	1	1	1	1	1
营养水平	代谢能/（兆焦/千克）	12.04	11.92	11.92	11.9	11.96	11.96	11.94	11.87	12.0
	粗蛋白质（%）	17.94	18.2	18.3	17.9	18.0	18.1	18.0	18.0	17.9
	钙（%）	0.80	0.79	0.81	0.81	0.79	0.81	0.81	0.79	0.80
	有效磷（%）	0.41	0.40	0.40	0.39	0.41	0.39	0.39	0.41	0.40
	赖氨酸（%）	0.85	0.85	0.85	0.86	0.85	0.85	0.85	0.85	0.85
	蛋氨酸（%）	0.35	0.35	0.34	0.34	0.30	0.34	0.35	0.34	0.34

表 3-25 0~6 周龄土鸡全价配合饲料配方三及营养水平

	项目	配方19	配方20	配方21	配方22	配方23	配方24	配方25	配方26	配方27
原料	玉米（%）	61.91	61	58.63	58.56	60.35	62.34	65.91	66.51	64.8
	碎米（%）	3	3	3	3					
	全脂大豆（%）			2	2	2	2	2	2	
	糙米（%）					2				3
	次粉（%）	6	6	6	6	5	5		2	
	小麦麸（%）		2	2	2	3	3	3		1.31
	啤酒酵母（%）	2	2	2	2	2	2	2		1
	大豆粕（%）	10	8	8	8	10	10	13	13	13
	磷酸二氢钙（%）	0.99	0.7	0.9	0.9	1.0	1.0	1.2	1.0	1.0
	石粉（%）	0.6	0.73	1	1.1	1.2	1.2	1.4	1.05	1.1
	棉籽粕（%）	2	2	3	3	2	2	2	2	2
	菜籽粕（%）	3	3	3	3	3	3	3	3	3
	花生仁饼（%）	2				2	2			
	鱼粉（%）	1	0	1	2	2	2		2	2
	肉骨粉（%）		2	3	1					
	花生仁粕（%）	2	3	3	3	3	3	3	2	2.3
	亚麻仁粕（%）	2	2	2	2				2	2
	芝麻饼（%）		2	2	2				2	2
	食盐（%）	0.35	0.35	0.35	0.35	0.35	0.35	0.35	0.35	0.35
	蛋氨酸（%）	0.05	0.09	0.04	0.03	0.05	0.06	0.07	0.03	0.09
	赖氨酸（%）	0.1	0.13	0.08	0.05	0.05	0.05	0.07	0.06	0.05
	1% 预混料（%）	1	1	1	1	1	1	1	1	1

(续)

	项目	配方19	配方20	配方21	配方22	配方23	配方24	配方25	配方26	配方27
营养水平	代谢能/(兆焦/千克)	12.12	11.93	11.93	11.95	11.98	11.97	11.9	11.94	11.91
	粗蛋白质(%)	18.1	17.75	18.2	18.3	18.1	18.1	18.0	18.1	18.0
	钙(%)	0.80	0.79	0.80	0.80	0.81	0.81	0.80	0.80	0.81
	有效磷(%)	0.40	0.40	0.40	0.39	0.41	0.41	0.39	0.40	0.40
	赖氨酸(%)	0.85	0.85	0.85	0.85	0.85	0.85	0.85	0.85	0.85
	蛋氨酸(%)	0.34	0.34	0.35	0.35	0.35	0.35	0.35	0.35	0.35

育成期土鸡饲料配方及营养水平见表 3-26~ 表 3-32。

表 3-26 7~14 周龄土鸡全价配合饲料配方一及营养水平

	项目	配方1	配方2	配方3	配方4	配方5	配方6	配方7	配方8	配方9
原料	玉米(%)	63.64	63	64.66	64.71	64.72	66.96	69.39	70	70
	小麦(%)			3						
	稻谷(%)		3	3	3	3	3			
	大麦(裸)(%)	3	5			3				
	糙米(%)	3								
	小麦麸(%)	6	5	5	5	5	6	6	6	6
	酵母(%)	1	1							2
	全脂大豆(%)			1	1	1	1		1	
	大豆粕(%)	8	10	6	6	6	6	11		
	棉籽粕(%)	2	3	5	3	4	4	4	4	4
	菜籽粕(%)	2.5	2.44	2	5	2	5	3	3.81	3.89
	花生仁粕(%)	2	2	3	3	3	3	3	3	2

（续）

	项目	配方 1	配方 2	配方 3	配方 4	配方 5	配方 6	配方 7	配方 8	配方 9
原料	亚麻仁饼（%）	2	2	2	1				3	3
	芝麻饼（%）	2							3	3
	肉骨粉（%）	2		2	2	2	2		4	4
	鱼粉（%）									
	磷酸氢钙（%）	0.7	1	0.9	0.85	0.85	0.8	1	0.35	0.31
	石粉（%）	0.8	1.2	1	1	1	0.8	1.2	0.35	0.35
	食盐（%）	0.35	0.35	0.35	0.35	0.35	0.35	0.35	0.35	0.35
	蛋氨酸（%）	0.01	0.01	0.08	0.07	0.07	0.07	0.06	0.06	0.05
	赖氨酸（%）				0.01	0.02	0.01	0.02	0.08	0.05
	1%预混料（%）	1	1	1	1	1	1	1	1	1
营养水平	代谢能/(兆焦/千克)	11.65	11.63	11.76	11.7	11.70	11.74	11.74	11.84	17.79
	粗蛋白质（%）	15.99	15.9	16.1	16	16.1	16.0	16.1	16.2	16.4
	钙（%）	0.69	0.68	0.72	0.72	0.72	0.69	0.68	0.68	0.68
	有效磷（%）	0.36	0.35	0.40	0.39	0.39	0.38	0.34	0.36	0.35
	赖氨酸（%）	0.64	0.65	0.63	0.65	0.65	0.65	0.66	0.66	0.65
	蛋氨酸（%）	0.27	0.27	0.27	0.27	0.27	0.27	0.27	0.27	0.27

表 3-27　7~14 周龄土鸡全价配合饲料配方二及营养水平

	项目	配方 10	配方 11	配方 12	配方 13	配方 14	配方 15	配方 16	配方 17	配方 18
原料	玉米（%）	67	67.09	62.82	63.69	61	48.01	47.39	48.88	60.5
	高粱（%）				5	5	5	5	5	
	稻谷（%）					3	3	3.5	3.5	

(续)

	项目	配方10	配方11	配方12	配方13	配方14	配方15	配方16	配方17	配方18
原料	大麦（裸）(%)			5	2	2	5	5	5	5
	碎米 (%)	3	3	3			5	5	5	5
	糙米 (%)						5	5	5	
	小麦麸 (%)	7	7	7	7	6.7	5.5	4	4	6.5
	酵母 (%)			2	2					
	全脂大豆 (%)						2	2		
	大豆粕 (%)				5	5	6	6.5	2	2
	棉籽粕 (%)	4	3	3	3	3	3	3	4	4
	菜籽粕 (%)	3.78	3.84	2	4	4	3.5	3.5	4	3
	花生仁粕 (%)	4		2	2	4	4	4.5	4.5	4.79
	亚麻仁饼 (%)		4	2	2					
	芝麻饼 (%)	3	3	3					2	2.09
	向日葵仁粕 (%)	2	1	2				2	2	2
	肉骨粉 (%)	4	4	4	4	4	2			
	鱼粉 (%)								2	2
	磷酸氢钙 (%)	0.3	0.3	0.3	0.35	0.34	0.65	0.95	0.73	0.73
	石粉 (%)	0.4	0.3	0.4	0.5	0.5	0.9	1.2	0.91	0.91
	食盐 (%)	0.35	0.35	0.35	0.35	0.35	0.35	0.35	0.35	0.35
	蛋氨酸 (%)	0.07	0.05	0.07	0.08	0.09	0.09	0.09	0.07	0.07
	赖氨酸 (%)	0.1	0.07	0.06	0.03	0.02		0.02	0.06	0.06
	1%预混料 (%)	1	1	1	1	1	1	1	1	1

（续）

	项目	配方 10	配方 11	配方 12	配方 13	配方 14	配方 15	配方 16	配方 17	配方 18
营养水平	代谢能/(兆焦/千克)	11.8	11.73	11.73	11.71	11.7	11.76	11.76	11.7	11.72
	粗蛋白质（%）	16.1	15.9	16.1	16.0	16.2	16.2	16.1	16.0	16.0
	钙（%）	0.7	0.67	0.69	0.69	0.69	0.71	0.69	0.70	0.68
	有效磷（%）	0.35	0.35	0.35	0.35	0.35	0.35	0.34	0.35	0.35
	赖氨酸（%）	0.65	0.65	0.65	0.65	0.65	0.64	0.64	0.64	0.64
	蛋氨酸（%）	0.27	0.27	0.27	0.27	0.27	0.27	0.27	0.27	0.27

表 3-28　7~14 周龄土鸡全价配合饲料配方三及营养水平

	项目	配方 19	配方 20	配方 21	配方 22	配方 23	配方 24	配方 25	配方 26	配方 27
原料	玉米（%）	62.17	62.4	61	59	57.7	58.2	57.08	63.97	65.91
	大麦（裸）（%）	5	5	5	5.5	5.5	5	5		3
	小麦麸（%）	8	7.14	7.88	7.88	7.88	7.88	7	8	6
	次粉（%）	3	3	3	3	3	3	3	3	3
	酵母（%）	2	2	2	2					
	全脂大豆（%）	1	1	3	3.5	3.5	3.5	4.5	4.5	
	大豆粕（%）	3	3	4	4	5	5	5	5	10.5
	棉籽粕（%）	3	3	4	4	4	3.5	3.5	4	2
	菜籽粕（%）	1.5	1.5	3.5	3.5	3.5	3.5	3.5	4	4
	花生仁饼（%）					2.5				
	花生仁粕（%）	1	3	3	3	3	3	3	1	1
	亚麻仁饼（%）	2	2							
	芝麻饼（%）						3	3	3	1

(续)

	项目	配方19	配方20	配方21	配方22	配方23	配方24	配方25	配方26	配方27
原料	向日葵仁粕（%）	2	2							
	肉骨粉（%）	4	2							
	鱼粉（%）				1	1	1	1		
	磷酸氢钙（%）	0.3	0.6	1	1	0.9	0.85	0.85	1	1
	石粉（%）	0.6	0.9	1.2	1.2	1.1	1.15	1.15	1.15	1.2
	食盐（%）	0.35	0.35	0.35	0.35	0.35	0.35	0.35	0.35	0.35
	蛋氨酸（%）	0.08	0.08		0.07	0.07	0.07	0.07	0.03	0.04
	赖氨酸（%）		0.03	0.07						
	1%预混料（%）	1	1	1	1	1	1	1	1	1
营养水平	代谢能/（兆焦/千克）	11.69	11.7	11.7	11.7	11.73	11.7	11.72	11.75	11.71
	粗蛋白质（%）	16.1	15.9	15.9	16.1	16.0	15.8	16.0	16.1	16.1
	钙（%）	0.71	0.68	0.68	0.68	0.69	0.7	0.7	0.68	0.7
	有效磷（%）	0.35	0.34	0.35	0.36	0.36	0.35	0.35	0.36	0.35
	赖氨酸（%）	0.64	0.64	0.64	0.65	0.65	0.64	0.64	0.64	0.64
	蛋氨酸（%）	0.27	0.27	0.27	0.27	0.27	0.27	0.27	0.27	0.27

表3-29　15~20周龄土鸡全价配合饲料配方一及营养水平

	项目	配方1	配方2	配方3	配方4	配方5	配方6	配方7	配方8	配方9
原料	玉米（%）	61.83	60.83	62.82	61.82	60.78	69.5	67.4	66	66
	高粱（%）				5	5		2	2	2
	稻谷（%）		3	3	3					
	大麦（裸）（%）	5	5	5		4				

（续）

	项目	配方1	配方2	配方3	配方4	配方5	配方6	配方7	配方8	配方9
原料	米糠（%）	5	6	6	6	6	6	6	6	7
	小麦麸（%）	13	14	12	13	13	13	13	13.5	14
	碎米（%）	3								
	大豆粕（%）	1	1	1	1	1	0.5	0.5		
	棉籽粕（%）	2	4	3	4	4	4	4		3.5
	菜籽粕（%）	2		2		3	3.78	3.83	3.83	2.85
	花生仁粕（%）	1							1.36	1.36
	亚麻仁饼（%）					2				
	芝麻饼（%）	2	2	2	1					
	向日葵仁粕（%）	1	1						4	
	磷酸氢钙（%）	0.8	0.75	0.75	0.75	0.75	0.75	0.75	0.75	0.75
	石粉（%）	1	1.05	1.05	1.05	1.1	1.1	1.15	1.15	1.15
	食盐（%）	0.35	0.35	0.35	0.35	0.35	0.35	0.35	0.35	0.35
	蛋氨酸（%）									0.01
	赖氨酸（%）	0.02	0.02	0.03	0.03	0.02	0.02	0.02	0.06	0.03
	1%预混料（%）	1	1	1	1	1	1	1	1	1
营养水平	代谢能/（兆焦/千克）	11.45	11.3	11.44	11.4	11.4	11.5	11.4	11.4	11.4
	粗蛋白质（%）	12.5	12.2	12.1	12.0	12.1	12.1	12.1	12.1	12.1
	钙（%）	0.59	0.59	0.6	0.57	0.59	0.58	0.6	0.6	0.6
	有效磷（%）	0.31	0.3	0.3	0.3	0.3	0.3	0.3	0.3	0.3
	赖氨酸（%）	0.45	0.45	0.45	0.45	0.45	0.45	0.45	0.45	0.45
	蛋氨酸（%）	0.22	0.22	0.22	0.22	0.22	0.22	0.22	0.22	0.22

表 3-30　15~20 周龄土鸡全价配合饲料配方二及营养水平

	项目	配方10	配方11	配方12	配方13	配方14	配方15	配方16	配方17	配方18
原料	玉米（%）	63	63	54	54	51.5	53.5	50.5	52.3	51.5
	高粱（%）	3.5				2		3		2
	次粉（%）		3.5	13.5	13.5	13.5	13.5	13.5	13.5	13
	小麦麸（%）	15	15	15	15	14	15	14	15	13
	米糠（%）	8	8	9	9	9	8	8	8	8.6
	大豆粕（%）	2	2	1	1	1	1			
	棉籽粕（%）	2	2	1				1.5	3.2	3.2
	菜籽粕（%）	1.87	1.88	1.88		1.5		1.5	1	1.21
	花生仁粕（%）	1.36	1.36	1.36	1.37	1.37	1.37	1.37	1.33	2.33
	亚麻仁饼（%）				1	1	1	1	1.5	
	芝麻饼（%）				1.95	1.95	2.5	2.5	1	2
	磷酸氢钙（%）	0.75	0.75	0.7	0.7	0.7	0.7	0.7	0.7	0.7
	石粉（%）	1.15	1.15	1.2	1.1	1.1	1.04	1.04	1.1	1.1
	食盐（%）	0.35	0.35	0.35	0.35	0.35	0.35	0.35	0.35	0.35
	蛋氨酸（%）	0.01	0.01							
	赖氨酸（%）	0.01		0.01	0.03	0.03	0.04	0.04	0.02	0.01
	1%预混料（%）	1	1	1	1	1	1	1	1	1
营养水平	代谢能/（兆焦/千克）	11.37	11.38	11.34	11.37	11.34	11.32	11.3	11.3	11.3
	粗蛋白质（%）	12.1	12.3	12.1	12	12	12.0	12	12	12.2
	钙（%）	0.6	0.6	0.61	0.6	0.6	0.6	0.59	0.57	0.57
	有效磷（%）	0.3	0.31	0.3	0.3	0.3	0.3	0.3	0.3	0.3
	赖氨酸（%）	0.45	0.45	0.45	0.45	0.45	0.45	0.45	0.45	0.45
	蛋氨酸（%）	0.22	0.22	0.2	0.2	0.21	0.2	0.2	0.2	0.2

表 3-31　15~20 周龄土鸡全价配合饲料配方三及营养水平

	项目	配方19	配方20	配方21	配方22	配方23	配方24	配方25	配方26	配方27
原料	玉米（%）	55.25	56.25	52.95	52.95	52.95	47	45.95	45.55	54
	稻谷（%）	9	9	9	9	9	9	10	10	10
	大麦（裸）（%）						7.95	7.95	7.75	7.8
	次粉（%）			8	8	9	9	10	10	0
	小麦麸（%）	12	11	11	12	12.1	11.1	10.1	10.1	10.1
	米糠（%）	10	10	6	6	6	6	6	6	6
	大豆粕（%）	6.7								
	棉籽粕（%）	1	4.7	4				1		
	菜籽粕（%）	3	3	3						
	花生仁粕（%）		3	3	2	1	1			
	亚麻仁饼（%）				3				2	3
	芝麻饼（%）					3	2	2	1.6	2.15
	向日葵仁粕（%）				4	4	4	4	4	4
	磷酸氢钙（%）	0.7	0.7	0.7	0.65	0.65	0.65	0.65	0.65	0.65
	石粉（%）	1	1	1	1.05	0.95	0.95	1	1	0.95
	食盐（%）	0.35	0.35	0.35	0.35	0.35	0.35	0.35	0.35	0.35
	1% 预混料（%）	1	1	1	1	1	1	1	1	1
营养水平	代谢能/(兆焦/千克)	11.25	11.3	11.35	11.32	11.37	11.31	11.32	11.3	11.33
	粗蛋白质（%）	12	12	12	12.2	12	12	12	12	12
	钙（%）	0.57	0.57	0.57	0.59	0.61	0.59	0.6	0.6	0.59
	有效磷（%）	0.30	0.3	0.31	0.3	0.31	0.31	0.31	0.31	0.3
	赖氨酸（%）	0.52	0.52	0.51	0.51	0.50	0.49	0.50	0.50	0.48
	蛋氨酸（%）	0.27	0.25	0.25	0.26	0.27	0.26	0.26	0.26	0.27

表3-32 15~20周龄土鸡全价配合饲料配方四及营养水平

	项目	配方28	配方29	配方30	配方31	配方32	配方33	配方34	配方35	配方36
原料	玉米（%）	43.65	44.56	45.46	45.06	54.61	55.35	55.15	55	54.8
	大麦（裸）（%）	6	6							
	碎米（%）	9	9	9	10					
	次粉（%）	7	7	10	11	11	11.65	11.45	11.3	11.3
	小麦麸（%）	13	14	15	15.5	15.5	15.5	15.5	15.5	15.5
	米糠（%）	10	10	11	11	11	10	10	10.25	10.25
	酵母（%）						3	3	3	2
	大豆粕（%）	2.3			2.4	2.8				
	棉籽粕（%）	3								
	菜籽粕（%）	3								
	花生仁粕（%）				2	2	1.4			
	亚麻仁饼（%）		3	3				1.8		
	芝麻饼（%）								1.8	1.8
	向日葵仁粕（%）		3.4	3.5						1.2
	磷酸氢钙（%）	0.65	0.6	0.6	0.6	0.65	0.6	0.6	0.6	0.6
	石粉（%）	1.05	1.09	1.09	1.09	1.09	1.15	1.15	1.05	1.05
	食盐（%）	0.35	0.35	0.35	0.35	0.35	0.35	0.35	0.5	0.5
	1%预混料（%）	1	1	1	1	1	1	1	1	1
营养水平	代谢能/(兆焦/千克)	11.3	11.3	11.3	11.4	11.3	11.45	11.37	11.39	11.36
	粗蛋白质（%）	12	12	12	12	12	12.1	12.1	12.1	12
	钙（%）	0.58	0.59	0.6	0.59	0.59	0.61	0.61	0.61	0.61
	有效磷（%）	0.3	0.3	0.3	0.3	0.3	0.3	0.3	0.3	0.3
	赖氨酸（%）	0.56	0.53	0.53	0.56	0.55	0.57	0.27	0.56	0.54
	蛋氨酸（%）	0.25	0.26	0.26	0.25	0.25	0.26	0.26	0.26	0.26

2. 蛋用土鸡全价配合饲料配方

蛋用土鸡全价配合饲料配方及营养水平见表 3-33~ 表 3-41。

表 3-33 蛋用土鸡（产蛋率 >80%）全价配合饲料配方一及营养水平

	项目	配方1	配方2	配方3	配方4	配方5	配方6	配方7	配方8	配方9
原料	玉米（%）	62.48	63	62.66	64.4	56.61	55.3	66.64	63	60.75
	大麦（裸）（%）				2				4.49	
	碎米（%）	4				6	6			
	次粉（%）									5
	小麦麸（%）	1	2.93	1.5	1.5	1.5				
	全脂大豆（%）	1	6	6	4	5	5	1	1	1
	酵母（%）	3	3	3	3					
	大豆粕（%）	14.5	11	6.5	5	7.5	8.2	8.5	8.5	8.51
	棉籽粕（%）			2.4	3	1		2	1.14	1.5
	菜籽粕（%）					1		3.7		1.4
	花生仁粕（%）			1.9	3	3	4.5	7.5	7.5	7.5
	亚麻仁饼（%）						3			
	向日葵仁粕（%）						3			
	肉骨粉（%）	4.2	4.2	4.2	2					
	鱼粉（%）				3.3	3.3	4.4	4	4	4
	磷酸氢钙（%）	0.2	0.25	0.22	0.2	0.5		0.5	0.5	0.47
	石粉（%）	8.2	8.2	8.2	8.2	8.2	8.1	8.45	8.45	8.45
	食盐（%）	0.37	0.37	0.37	0.37	0.37	0.37	0.37	0.37	0.37
	赖氨酸（%）	0.05	0.05	0.05	0.03	0.02	0.03	0.04	0.05	0.05
	1% 预混料（%）	1	1	1	1	1	1	1	1	1

(续)

	项目	配方1	配方2	配方3	配方4	配方5	配方6	配方7	配方8	配方9
营养水平	代谢能/(兆焦/千克)	11.44	11.48	11.54	11.51	11.47	11.48	11.58	11.45	11.4
	粗蛋白质（%）	16.4	16.57	16.55	16.5	16.55	16.5	16.55	16.4	16.5
	钙（%）	3.48	3.49	3.48	3.46	3.35	3.35	3.46	3.45	3.46
	有效磷（%）	0.32	0.34	0.33	0.33	0.33	0.33	0.33	0.34	0.33
	赖氨酸（%）	0.87	0.90	0.85	0.85	0.83	0.85	0.80	0.79	0.80
	蛋氨酸（%）	0.35	0.36	0.36	0.36	0.35	0.35	0.36	0.36	0.36

表3-34　蛋用土鸡（产蛋率>80%）全价配合饲料配方二及营养水平

	项目	配方10	配方11	配方12	配方13	配方14	配方15	配方16	配方17	配方18
原料	玉米（%）	59.40	62	59.55	59.61	54.0	54.54	50.69	44.75	44.35
	高粱（%）							4	4.64	4.86
	稻谷（%）	1	1					4	4	4
	大麦（裸）（%）					5	5			5
	次粉（%）								5	
	小麦麸（%）	1	1	1	1	1	1			
	全脂大豆（%）	10.6								
	大豆粕（%）	11	18	12	12	12.5	12	14	13.3	13.8
	棉籽粕（%）	2.2	0.5	3	2	2	3	3	4	4
	菜籽粕（%）	1		2.9	3	3	3	3	4	4
	花生仁粕（%）	2.33	2.33				2.46	2.7	3	3
	亚麻仁饼（%）			3	2	2	2	2	2	2
	芝麻饼（%）				2	2	2	2		

（续）

	项目	配方10	配方11	配方12	配方13	配方14	配方15	配方16	配方17	配方18
原料	向日葵仁粕（%）			2.33	2.33	2.27				
	鱼粉（%）		3	3	3	2.3	1			
	猪油（%）		1.21	2.34	2.34	3.1	2.8	3.2	3.8	3.5
	磷酸氢钙（%）	1	0.7	0.65	0.6	0.7	0.85	1	1	1
	石粉（%）	9	8.8	8.8	8.7	8.7	8.85	8.9	9	9
	食盐（%）	0.37	0.37	0.36	0.36	0.36	0.37	0.37	0.37	0.37
	蛋氨酸（%）	0.1	0.09	0.07	0.06	0.07	0.09	0.1	0.11	0.10
	赖氨酸（%）						0.04	0.04	0.03	0.02
	1%预混料（%）	1	1	1	1	1	1	1	1	1
营养水平	代谢能/（兆焦/千克）	11.51	11.5	11.5	11.52	11.58	11.5	11.52	11.51	11.6
	粗蛋白质（%）	16.5	16.5	16.5	16.5	16.5	16.5	16.5	16.5	16.6
	钙（%）	3.5	3.5	3.5	3.5	3.5	3.5	3.5	3.5	3.5
	有效磷（%）	0.3	0.34	0.34	0.33	0.33	0.33	0.33	0.34	0.34
	赖氨酸（%）	0.76	0.80	0.74	0.73	0.73	0.73	0.73	0.73	0.73
	蛋氨酸（%）	0.36	0.36	0.36	0.36	0.36	0.36	0.36	0.36	0.36

表 3-35　蛋用土鸡（产蛋率>80%）全价配合饲料配方三及营养水平

	项目	配方19	配方20	配方21	配方22	配方23
原料	玉米（%）	56.1	64.56	62.48	61.21	61.22
	碎米（%）	5				
	大豆粕（%）	13	13			
	棉籽粕（%）	3	1	4	4	5
	菜籽粕（%）	1.71	1.01	4	3.7	3.5

(续)

	项目	配方19	配方20	配方21	配方22	配方23
原料	花生仁粕（%）	5.8	5.8	5	3	5
	亚麻仁饼（%）	2		4	4	4
	芝麻饼（%）			4	3	
	向日葵仁粕（%）				4	4
	鱼粉（%）		3	4.5	5	5
	猪油（%）	1.92	0.74	1.7	1.9	1.9
	磷酸氢钙（%）	1	0.7	0.45	0.35	0.35
	石粉（%）	9	8.8	8.4	8.4	8.6
	食盐（%）	0.32	0.30	0.28	0.28	0.28
	蛋氨酸（%）	0.11	0.09	0.06	0.05	0.06
	赖氨酸（%）	0.04		0.13	0.11	0.09
	1%预混料（%）	1	1	1	1	1
营养水平	代谢能/(兆焦/千克)	11.51	11.5	11.52	11.5	11.51
	粗蛋白质（%）	16.6	16.57	16.5	16.5	16.65
	钙（%）	3.5	3.5	3.5	3.5	3.5
	有效磷（%）	0.33	0.34	0.34	0.33	0.33
	赖氨酸（%）	0.73	0.73	0.73	0.73	0.73
	蛋氨酸（%）	0.36	0.36	0.36	0.36	0.36

表3-36 蛋用土鸡（产蛋率>80%）全价配合饲料配方四及营养水平

	项目	配方24	配方25	配方26	配方27	配方28	配方29	配方30	配方31	配方32
原料	玉米（%）	61.17	64.02	65.04	64.74	61.45	58.64	58.64	56.22	57
	大麦（裸）（%）						4	4	3	3
	次粉（%）	5.06								

（续）

	项目	配方24	配方25	配方26	配方27	配方28	配方29	配方30	配方31	配方32
原料	小麦麸（%）		2.06	0.5	1.5	1				
	酵母（%）									3
	全脂大豆（%）	2	4	4.7	3.9	6.9	7.9	7.9	10.9	10.9
	大豆粕（%）	8.51	7	7	8	12.2	11.2	3.2	6.2	3.42
	棉籽粕（%）	1.5	1.5	1.7	1.4	2.6	2.4	2.4	2.4	2.4
	菜籽粕（%）					2	2	2.12	2.12	2.12
	花生仁粕（%）	7.5	7.1	7.1	6.5			5	6	5
	亚麻仁饼（%）								1	1
	芝麻饼（%）						3		1	1
	肉骨粉（%）			4	4	4	4	4		
	进口鱼粉（%）	4	4							
	磷酸氢钙（%）	0.47	0.47	0.29	0.29	0.3	0.3	0.28	0.9	0.9
	石粉（%）	8.45	8.51	8.3	8.3	8.2	8.2	8.1	8.9	8.9
	食盐（%）	0.30	0.30	0.3	0.3	0.3	0.3	0.3	0.3	0.3
	蛋氨酸（%）	0.04	0.04	0.07	0.07	0.05	0.06	0.06	0.06	0.06
	1%预混料（%）	1	1	1	1	1	1	1	1	1
营养水平	代谢能/(兆焦/千克)	11.52	11.51	11.6	11.5	11.45	11.5	11.53	11.45	11.5
	粗蛋白质（%）	16.9	16.6	16.6	16.5	16.5	16.5	16.5	16.58	16.5
	钙（%）	3.5	3.5	3.5	3.5	3.5	3.5	3.5	3.5	3.5
	有效磷（%）	0.33	0.33	0.33	0.33	0.33	0.33	0.33	0.33	0.32
	赖氨酸（%）	0.83	0.82	0.8	0.78	0.88	0.88	0.76	0.79	0.81
	蛋氨酸（%）	0.36	0.36	0.36	0.36	0.36	0.6	0.36	0.36	0.36

表 3-37 蛋用土鸡（60%≤产蛋率≤80%）全价配合饲料配方一及营养水平

	项目	配方1	配方2	配方3	配方4	配方5	配方6	配方7	配方8	配方9
原料	玉米（%）	58.2	56.90	56.36	63.52	65.95	69.82	70.67	69.46	67.97
	大麦（裸）（%）	5	5	2	2					
	小麦麸（%）			3						
	酵母（%）	3	3	3	3					3
	大豆粕（%）	7.43	5.23	5.23	5.23	8.13	8.13	9.13	10.4	8.4
	棉籽粕（%）	3.4	4.4	4.4	3.4	3.4	2.7	2.7		2.3
	菜籽粕（%）	3.12	4.12	4.12	3.12	3.12	1		1.3	1.3
	花生仁粕（%）	5	5	5	5	5	5	5	5.5	
	亚麻仁饼（%）		3	3	1					3
	肉骨粉（%）					3.5	3.5	2.5	3.5	3.5
	国产鱼粉（%）	1.90			1.90					
	磷酸氢钙（%）	0.9	0.9	0.85	0.65	0.35	0.35	0.55	0.35	0.35
	石粉（%）	8.7	8.7	8.8	8.6	8.2	8.15	8.1	8.15	8.15
	猪油（%）	2	2.4	2.94	1.25	1.0				0.7
	食盐（%）	0.3	0.3	0.3	0.3	0.3	0.3	0.3	0.3	0.3
	蛋氨酸（%）	0.05	0.05	0.0	0.03	0.05	0.05	0.05	0.04	0.03
	1%预混料（%）	1	1	1	1	1	1	1	1	1
营养水平	代谢能/（兆焦/千克）	11.53	11.5	11.45	11.52	11.53	11.57	11.52	11.5	11.51
	粗蛋白质（%）	15	15	15	15	15	15	15	15	15
	钙（%）	3.4	3.4	3.4	3.4	3.4	3.4	3.3	3.54	3.4
	有效磷（%）	0.32	0.32	0.32	0.32	0.32	0.32	0.33	0.32	0.33
	赖氨酸（%）	0.71	0.68	0.69	0.71	0.70	0.69	0.70	0.71	0.75
	蛋氨酸（%）	0.32	0.32	0.32	0.32	0.32	0.32	0.32	0.32	0.32

表 3-38 蛋用土鸡（60%≤产蛋率≤80%）全价配合饲料配方二及营养水平

	项目	配方 10	配方 11	配方 12	配方 13	配方 14	配方 15	配方 16	配方 17	配方 18
原料	玉米（%）	69.58	66.26	62.0	62.4	61.82	57	66.79	70.33	70.3
	高粱（%）			4						
	大麦（裸）（%）				4	4	4	4		
	小麦麸（%）						4			
	大豆粕（%）	10.9	11	11	10.5	10.58	10	10	10.5	10.5
	棉籽粕（%）		3	3	3	3	3	2	2	2
	菜籽粕（%）		3	3	3	3	3	1	1	3
	花生仁粕（%）	5.5								
	亚麻仁饼（%）					3	3	2	2	
	向日葵仁粕（%）	1.5	3	3	3					
	肉骨粉（%）	2	2	2	2	2	2.5			
	国产鱼粉（%）							4	4	4
	磷酸氢钙（%）	0.6	0.58	0.57	0.57	0.57	0.44	0.48	0.44	0.44
	石粉（%）	8.5	8.48	8.48	8.48	8.48	8.4	8.4	8.4	8.43
	猪油（%）	0	1.3	1.54	1.64	2.13	3.25			
	食盐（%）	0.3	0.3	0.3	0.3	0.3	0.3	0.28	0.28	0.28
	蛋氨酸（%）	0.06	0.06	0.08	0.08	0.09	0.09	0.05	0.05	0.05
	赖氨酸（%）	0.06	0.02	0.03	0.03	0.03	0.02			
	1% 预混料（%）	1	1	1	1	1	1	1	1	1

（续）

	项目	配方10	配方11	配方12	配方13	配方14	配方15	配方16	配方17	配方18
营养水平	代谢能/(兆焦/千克)	11.45	11.51	11.51	11.52	11.52	11.6	11.39	11.62	11.61
	粗蛋白质（%）	15	15.12	15.1	15.1	15	15.2	14.8	15.6	15.7
	钙（%）	3.4	3.4	3.4	3.4	3.4	3.4	3.4	3.4	3.4
	有效磷（%）	0.3	0.3	0.3	0.3	0.3	0.3	0.3	0.3	0.3
	赖氨酸（%）	0.66	0.66	0.66	0.66	0.66	0.66	0.67	0.68	0.68
	蛋氨酸（%）	0.33	0.33	0.33	0.33	0.33	0.33	0.33	0.33	0.33

表 3-39 蛋用土鸡（60%≤产蛋率≤80%）全价配合饲料配方三及营养水平

	项目	配方19	配方20	配方21	配方22	配方23	配方24	配方25	配方26	配方27
原料	玉米（%）	65.42	68.21	61.95	67.82	68.2	63	60.4	58	54.6
	次粉（%）						5	5	5	5
	酵母（%）	3								
	米糠（%）	3	3	3						
	小麦麸（%）			5	4	4	4	4	4	4
	大豆粕（%）	8	11	11	9	8.5	8	7.5	7.4	5
	棉籽粕（%）	2.3	1	1.5	0.5				1	3
	菜籽粕（%）	1.3							1	3
	花生仁粕（%）		3.5	3.4	5.4	5.2	5.4	5.4	3	4
	亚麻仁饼（%）	3								
	芝麻饼（%）								2.4	2.4
	向日葵仁粕（%）							3	3	3

(续)

	项目	配方19	配方20	配方21	配方22	配方23	配方24	配方25	配方26	配方27
原料	肉骨粉（%）	3.5	3.5	3						
	国产鱼粉（%）				3	4	4	3	3	3
	磷酸氢钙（%）	0.3	0.34	0.4	0.55	0.42	0.42	0.52	0.52	0.52
	石粉（%）	8.15	8.1	8.1	8.4	8.35	8.35	8.45	8.45	8.45
	猪油（%）	0.7		1.3			0.5	1.4	1.91	2.71
	食盐（%）	0.3	0.3	0.3	0.3	0.3	0.3	0.3	0.3	0.3
	蛋氨酸（%）	0.03	0.05	0.05	0.03	0.03	0.03	0.03	0.02	0.02
	1%预混料（%）	1	1	1	1	1	1	1	1	1
营养水平	代谢能/(兆焦/千克)	11.47	11.5	11.51	11.4	11.4	11.45	11.5	11.5	11.52
	粗蛋白质（%）	15	15	15.1	14.9	14.9	15	15	15	15.1
	钙（%）	3.4	3.4	3.4	3.4	3.4	3.4	3.4	3.4	3.45
	有效磷（%）	0.32	0.32	0.32	0.32	0.32	0.32	0.32	0.33	0.33
	赖氨酸（%）	0.76	0.73	0.74	0.72	0.73	0.74	0.71	0.71	0.69
	蛋氨酸（%）	0.33	0.33	0.33	0.33	0.33	0.33	0.33	0.33	0.33

表3-40 蛋用土鸡（产蛋率<60%）全价配合饲料配方一及营养水平

	项目	配方1	配方2	配方3	配方4	配方5	配方6	配方7	配方8	配方9
原料	玉米（%）	55.21	54.66	50.93	50.84	53.16	52.1	60.81	60.66	70.58
	大麦（裸）（%）				5	5				
	次粉（%）	5	5	5						
	小麦麸（%）	4	4	4	4		5	5		
	米糠（%）									1
	酵母（%）							3	3	3

(续)

	项目	配方1	配方2	配方3	配方4	配方5	配方6	配方7	配方8	配方9
原料	啤酒糟（%）					3	3			
	大豆粕（%）	5	12	6	5	5	5	5	5	6
	棉籽粕（%）	3	3.4	5.4	5.4	5	5	2	2	1
	菜籽粕（%）	3	3.2	5.2	5.2	5	5	2	2	0
	花生仁粕（%）	4	4	6	6	6	6	6	6	5
	亚麻仁饼（%）				1	1	1			
	芝麻饼（%）	2.4		3	3	3	3	2.5		
	向日葵仁粕（%）	3							2.5	
	肉骨粉（%）									2.5
	国产鱼粉（%）	2.8						1	1	1
	猪油（%）	2.5	2.8	3.7	3.8	3.1	4.16	2.17	2.17	
	磷酸氢钙（%）	0.41	0.8	0.77	0.77	0.81	0.81	0.65	0.65	0.3
	石粉（%）	8.37	8.8	8.65	8.65	8.6	8.6	8.55	8.7	8.3
	食盐（%）	0.3	0.3	0.3	0.3	0.3	0.3	0.3	0.3	0.3
	蛋氨酸（%）	0.01	0.04	0.05	0.04	0.03	0.03	0.02	0.02	0.02
	1%预混料（%）	1	1	1	1	1	1	1	1	1
营养水平	代谢能/（兆焦/千克）	11.5	11.48	11.52	11.46	11.5	11.5	11.49	11.46	11.6
	粗蛋白质（%）	15	14.8	15	14.9	15	15	15.1	15	15.1
	钙（%）	3.4	3.4	3.4	3.4	3.4	3.4	3.4	3.4	3.5
	有效磷（%）	0.3	0.3	0.3	0.3	0.3	0.31	0.3	0.3	0.3
	赖氨酸（%）	0.68	0.72	0.69	0.62	0.62	0.62	0.69	0.59	0.73
	蛋氨酸（%）	0.31	0.31	0.31	0.31	0.31	0.31	0.31	0.31	0.31

表 3-41 蛋用土鸡（产蛋率<60%）全价配合饲料配方二及营养水平

	项目	配方10	配方11	配方12	配方13	配方14	配方15	配方16	配方17	配方18
原料	玉米（%）	60.1	66.28	65.45	65.94	57.41	56.90	57.20	62.48	66.91
	高粱（%）						5	6		
	稻谷（%）					5	5	4	4	
	大麦（裸）（%）	5				5				
	酵母（%）	3		2	2					
	大豆粕（%）	7.43	11	9	9	9	9	10	13	
	棉籽粕（%）	3.4	3	2.2	2	2	2	3	3	3
	菜籽粕（%）	2.12	3	2.2	2	2.2	2.2	2	2	2
	花生仁粕（%）	5	0	2.5	2.5	2.5	3	3	3	5
	亚麻仁饼（%）									3
	芝麻饼（%）					2	2			
	向日葵仁粕（%）		3	3	3	1	1	1		3
	肉骨粉（%）		2	2	2	2	2	2		3
	国产鱼粉（%）	1								
	猪油（%）	2	1.3	1.2	1.1	1.56	1.56	1.38	1.4	1
	磷酸氢钙（%）	0.8	0.58	0.58	0.58	0.55	0.55	0.55	0.9	0.4
	石粉（%）	8.75	8.48	8.5	8.5	8.4	8.4	8.5	8.85	8.2
	食盐（%）	0.3	0.3	0.3	0.3	0.3	0.3	0.3	0.3	0.3
	蛋氨酸（%）	0.07	0.06	0.06	0.06	0.06	0.06	0.07	0.07	0.06
	赖氨酸（%）	0.03		0.01	0.02	0.02	0.03			0.13
	1%预混料（%）	1	1	1	1	1	1	1	1	1
营养水平	代谢能/(兆焦/千克)	11.5	11.51	11.51	11.5	11.46	11.5	11.47	11.48	11.46
	粗蛋白质（%）	15.1	15.1	15.2	15	15	15	15.1	15	15
	钙（%）	3.4	3.4	3.4	3.4	3.4	3.4	3.4	3.4	3.4
	有效磷（%）	0.3	0.3	0.3	0.3	0.3	0.3	0.3	0.3	0.31
	赖氨酸（%）	0.62	0.64	0.62	0.62	0.62	0.62	0.62	0.64	0.62
	蛋氨酸（%）	0.31	0.31	0.31	0.31	0.31	0.31	0.31	0.31	0.31

3. 不同类型土鸡全价配合饲料配方

不同类型土鸡全价配合饲料配方见表 3-42~ 表 3-44。

表 3-42　土鸡种鸡全价配合饲料配方及营养水平

	项目	雏鸡 0~8 周龄	育成期 9~19 周龄	产蛋前期 20~24 周龄	产蛋高峰期 25~45 周龄	产蛋后期 46 周龄至淘汰	种公鸡 20 周龄至淘汰
原料	玉米（%）	62.65	62.0	64.1	65.0	66.0	62.0
	小麦麸（%）	6.05	13.5	5.0	2.5	3.8	15.3
	大豆粕（%）	18.0	9.0	13.0	13.0	11.2	6.5
	菜籽粕（%）	3.0	5.5	5.0	5.0	6.0	5.5
	鱼粉（%）	6.8	2.0	4.0	4.0	3.0	2.5
	骨粉（%）	1.4	2.0	2.1	2.2	2.2	2.2
	石粉（%）			1.5	3.0	2.5	
	贝壳粉（%）	0.8	0.7	4.0	4.0	4.0	0.7
	食盐（%）	0.3	0.3	0.3	0.3	0.3	0.3
	预混料（%）	1.0	5.0	1.0	1.0	1.0	5.0
营养水平	代谢能/（兆焦/千克）	12.06	11.19	11.53	11.53	11.53	11.12
	粗蛋白质（%）	19.75	14.53	16.37	16.1	15.28	13.4
	钙（%）	1.06	1.02	2.75	3.3	3.1	1.058
	有效磷（%）	0.48	0.45	0.47	0.51	0.46	0.46

注：此配方适用于河南省饲养的土鸡种鸡。

表 3-43 种用或蛋用土鸡全价配合饲料配方及营养水平

	项目	0~6周龄			7~14周龄			15~20周龄			土鸡产蛋期		
		配方1	配方2	配方3	配方1	配方2	配方3	配方1	配方2	配方3	配方1	配方2	配方3
原料	玉米（%）	65	63	62	64	64	65	70.4	66	65	64.6	64.6	62
	小麦麸（%）		1.5	2.3	4	5.3	6	14	13.4	12.5			
	米糠（%）								5	8			
	大豆粕（%）	22	21.9	23	16.3	14	13	6	6		15	15	14
	菜籽粕（%）	2	2	2	4	4	2	2		5			
	棉籽粕（%）	2	2	2	3		2	2	2	2			
	花生仁粕（%）	2	2	2.6	3	3	3				4	4	8
	芝麻粕（%）	2	4.5	2.6	3	3	3		2		2	1	2.7
	鱼粉（%）	2	2		1	1					3.1	2	2
	石粉（%）	1.22	1.2	1.2	1.2	1.2	1.2	1.1	1.1	1.1	8	8	8
	磷酸氢钙（%）	1.3	1.4	1.8	1.2	1.2	1.5	1.2	1.2	1.1	1	1.1	1.0
	微量元素添加剂（%）	0.1	0.1	0.1	1.2								

（续）

项目		0~6周龄			7~14周龄			15~20周龄			土鸡产蛋期		
		配方1	配方2	配方3	配方1	配方2	配方3	配方1	配方2	配方3	配方1	配方2	配方3
原料	复合多维（%）	0.04	0.04	0.04									
	食盐（%）	0.26	0.3	0.3	0.3	0.3	0.3	0.3	0.3	0.3	0.3	0.3	0.3
	杆菌肽锌（%）	0.02	0.02										
	氯化胆碱（%）	0.06	0.04	0.04									
	预混料（%）				3	3	3	3	3	3	2	2	2
营养水平	代谢能（兆焦/千克）	12.1	11.9	11.8	11.7	11.7	11.7	11.5	11.7	11.4	11.3	11.3	11.3
	粗蛋白质（%）	19.4	19.5	18.3	16.4	16.35	16.5	12.5	16.35	12.3	16.5	16.0	17.1
	钙（%）	1.10	1.00	1.00	0.92	0.90	0.92	0.78	0.90	0.79	3.5	3.4	3.5
	有效磷（%）	0.45	0.04	0.41	0.36	0.35	0.36	0.31	0.35	0.32	0.38	0.36	0.38

表 3-44 蛋用土鸡全价配合饲料配方

原料	0~6 周龄			7~20 周龄			产蛋期		
	配方1	配方2	配方3	配方1	配方2	配方3	配方1	配方2	配方3
玉米（%）	62.0	61.7	62.7	61.4	60.4	61.9	58.4	57.9	57.4
小麦麸（%）	3.2	4.5	4.0	14.0	14	12.0	3.0	4.0	3.0
大豆粕（%）	31	24.0	25.0	21.0	17.0	15.5	28.0	21.5	20.0
鱼粉（%）		2.0	1.5		1.0	1.0		2.0	2.0
菜籽粕（%）		4.0	3.0		4.0	4.0		4.0	4.0
棉籽粕（%）						2.0			3.0
磷酸氢钙（%）	1.3	1.3	1.3	1.2	1.2	1.2	1.3	1.3	1.3
石粉（%）	1.2	1.2	1.2	1.1	1.1	1.1	8.0	8.0	8.0
食盐（%）	0.3	0.3	0.3	0.3	0.3	0.3	0.3	0.3	0.3
1% 预混料（%）	1	1	1	1	1	1	1	1	1

二、肉用土鸡全价配合饲料配方

1. 不同阶段肉用土鸡全价配合饲料配方

不同阶段肉用土鸡全价配合饲料配方见表 3-45~ 表 3-51。

表 3-45 0~4 周龄肉用土鸡全价配合饲料配方一及营养水平

	项目	配方1	配方2	配方3	配方4	配方5	配方6	配方7	配方8	配方9
原料	玉米（%）	55	55.5	55.08	56	57.71	53.23	53.23	52.51	56.76
	大麦（裸）（%）	3	2	2	2					
	次粉（%）						6.09			
	小麦麸（%）			0.5	1		1	1		
	碎米（%）							5.59	5.59	5.59

（续）

	项目	配方1	配方2	配方3	配方4	配方5	配方6	配方7	配方8	配方9
原料	酵母（%）	3	3	3						
	全脂大豆（%）	11.2	10.1	10.1	10.1	10.1	9.5	9.5		
	大豆粕（%）	4.72	7.72	10.2	11.7	12	12	12.5	15	15
	棉籽粕（%）	3.4	3.4	3	4	4	4	4	4	2
	菜籽粕（%）	2.18	2.22	3.21	3.17	3.17	3.17	3.17	3.17	3.17
	花生仁粕（%）	5	5	5	5	5	5	5	5	5
	亚麻仁饼（%）	2.48	2.48						3	2
	芝麻饼（%）	2							3	2
	肉骨粉（%）	5	5	4						
	国产鱼粉（%）				3	3	3	3	3	5
	猪油（%）								1.82	
	磷酸氢钙（%）	0.6	0.6	0.8	1.09	1.08	1.07	1.07	1.03	0.8
	石粉（%）	0.80	0.9	1.05	1.46	1.46	1.46	1.46	1.33	1.2
	食盐（%）	0.3	0.3	0.3	0.29	0.29	0.29	0.29	0.29	0.26
	蛋氨酸（%）	0.11	0.11	0.11	0.09	0.09	0.09	0.09	0.09	0.08
	赖氨酸（%）	0.21	0.17	0.15	0.1	0.1	0.1	0.1	0.17	0.14
	1%预混料（%）	1	1	1	1	1	1	1	1	1
营养水平	代谢能/（兆焦/千克）	12.19	12.13	12.1	12.11	12.14	12.15	12.24	12.1	11.89
	粗蛋白质（%）	20.82	21	21	21	21	21.1	21.1	21	20.8
	钙（%）	1	1	1	1	1	1	1	1	1
	有效磷（%）	0.45	0.45	0.45	0.45	0.45	0.45	0.45	0.45	0.45
	赖氨酸（%）	1.09	1.09	1.09	1.09	1.09	1.09	1.09	1.09	1.09
	蛋氨酸（%）	0.43	0.43	0.43	0.43	0.43	0.43	0.43	0.43	0.43

表 3-46 0~4 周龄肉用土鸡全价配合饲料配方二及营养水平

	项目	配方10	配方11	配方12	配方13	配方14	配方15	配方16	配方17	配方18
原料	玉米（%）	57.83	56.19	52.0	52.26	57.3	60.31	60.52	57.28	54.33
	次粉（%）			3	3					
	小麦麸（%）									3
	糙米（%）	4	4	4						
	酵母（%）									3
	全脂大豆（%）		5	5	5	5	5	5		
	大豆粕（%）	19	19	16.5	16.5	15.5	15.5	15.5	17.5	16.5
	棉籽粕（%）	2	2	4	4	3.5	3		3	4
	菜籽粕（%）	2.1	2.1	2.5	2.5	3	3		3	4
	花生仁粕（%）								5	5
	花生仁饼（%）	5.59	5.59	5.5	5.5	5.5	5.5	5.5		
	亚麻仁饼（%）	1		3	3			3	3	
	芝麻饼（%）			2	2			3	3	
	肉骨粉（%）		2							2
	国产鱼粉（%）	5								
	进口鱼粉（%）					3	3.5	3.5	2	2
	猪油（%）			0.82	1.55				2	2.48
	磷酸氢钙（%）	0.83	1.1	1.42	1.42	1.1	1.1	1.07	1.2	0.85
	石粉（%）	1.25	1.45	1.66	1.66	1.6	1.6	1.4	1.5	1.3
	食盐（%）	0.25	0.32	0.32	0.32	0.31	0.31	0.31	0.31	0.31
	蛋氨酸（%）	0.07	0.12	0.11	0.13	0.10	0.09	0.12	0.12	0.10
	赖氨酸（%）	0.08	0.13	0.17	0.16	0.09	0.09	0.08	0.09	0.13
	1%预混料（%）	1	1	1	1	1	1	1	1	1

(续)

	项目	配方10	配方11	配方12	配方13	配方14	配方15	配方16	配方17	配方18
营养水平	代谢能/(兆焦/千克)	11.97	12.04	11.94	12.1	12	12.1	12.1	12	12.1
	粗蛋白质（%）	21	20.6	21	21	21	21	20.7	21	21.1
	钙（%）	0.99	1.0	1	1	1	1	1	1	1
	有效磷（%）	0.45	0.45	0.45	0.45	0.45	0.45	0.45	0.45	0.45
	赖氨酸（%）	1.09	1.09	1.09	1.09	1.09	1.09	1.09	1.09	1.09
	蛋氨酸（%）	0.43	0.43	0.43	0.43	0.43	0.43	0.43	0.43	0.43

表3-47 0~4周龄肉用土鸡全价配合饲料配方三及营养水平

	项目	配方19	配方20	配方21
原料	玉米（%）	60.0	58.0	64.0
	大豆粕（%）	22.4	22.0	15.0
	菜籽粕（%）	2.0	3.0	3.0
	棉籽粕（%）		1.0	3.0	5.0
	花生仁粕（%）	6.0	5.0	6.0
	肉骨粉（%）	2.0		
	鱼粉（%）	2.0	3.0	1.0
	油脂（%）		1.0	1.0
	石粉（%）	1.2	1.2	1.2
	磷酸氢钙（%）	1.1	1.5	1.5
	食盐（%）	0.3	0.3	0.3
	预混料（%）	2.0	2.0	2.0

(续)

	项目	配方19	配方20	配方21
营养水平	代谢能/(兆焦/千克)	12.20	12.00	12.30
	粗蛋白质（%）	20.80	21.20	21.50
	钙（%）	1.10	1.10	1.10
	有效磷（%）	0.46	0.46	0.46

表 3-48　5 周龄以上肉用土鸡全价配合饲料配方一及营养水平

	项目	配方1	配方2	配方3	配方4	配方5	配方6	配方7	配方8	配方9
原料	玉米（%）	62.69	62.63	61.79	64.63	60.36	57.18	56.29	55.3	54.49
	大麦（%）					4	4	4		
	小麦麸（%）							3	3	3
	糙米（%）								4	
	稻谷（%）									3
	酵母（%）	3	3	3		3				
	全脂大豆（%）				3	3				
	大豆粕（%）	12.5	13.5	14	15.4	15.4	15.4	14	14	13
	棉籽粕（%）	3.5	3.5	3.5	2	2	2	2	2	2
	菜籽粕（%）	3.5	3.5	3.5	2	2	2	2	3	3
	花生仁粕（%）	5	5	5						
	花生仁饼（%）					5	5	5	5	5
	亚麻仁饼（%）						2	2	2	3
	芝麻饼（%）							2	2	2

（续）

	项目	配方1	配方2	配方3	配方4	配方5	配方6	配方7	配方8	配方9
原料	肉骨粉（%）	2	3	3	3	3	3	3	3	3
	进口鱼粉（%）	2								
	猪油（%）	2.51	2.51	2.84	1.63	1.9	3.06	3.45	3.45	4.25
	磷酸氢钙（%）	0.7	0.75	0.75	0.75	0.75	0.75	0.72	0.72	0.72
	石粉（%）	1.15	1.1	1.1	1.1	1.1	1.1	1	1	1
	食盐（%）	0.3	0.32	0.32	0.32	0.32	0.32	0.32	0.32	0.32
	蛋氨酸（%）	0.05	0.05	0.07	0.07	0.08	0.07	0.07	0.07	0.07
	赖氨酸（%）	0.1	0.14	0.13	0.1	0.09	0.12	0.15	0.14	0.15
	1%预混料（%）	1	1	1	1	1	1	1	1	1
营养水平	代谢能/（兆焦/千克）	12.54	12.5	12.56	12.56	12.57	12.56	12.5	11.56	12.58
	粗蛋白质（%）	19.2	18.9	19.05	19	19	19.1	18.9	19	19.2
	钙（%）	0.9	0.9	0.9	0.9	0.9	0.9	0.9	0.9	0.9
	有效磷（%）	0.4	0.4	0.4	0.4	0.4	0.4	0.4	0.4	0.41
	赖氨酸（%）	0.94	0.94	0.94	0.94	0.94	0.94	0.94	0.94	0.94
	蛋氨酸（%）	0.36	0.36	0.36	0.36	0.36	0.36	0.36	0.36	0.36

表 3-49 5 周龄以上肉用土鸡全价配合饲料配方二及营养水平

	项目	配方10	配方11	配方12	配方13	配方14	配方15	配方16	配方17	配方18
原料	玉米（%）	58.47	55	56.45	57.5	57.62	53.9	49.9	50.02	52.11
	大麦（裸）（%）							4	4	
	小麦麸（%）									6

（续）

	项目	配方10	配方11	配方12	配方13	配方14	配方15	配方16	配方17	配方18
原料	次粉（%）		6.33		3.43	6.4	5.4	5	6	
	DDGS（%）	5	5	5	5	5	5	5	5	5
	稻谷（%）	3		3.43						
	酵母（%）						3	3	3	3
	全脂大豆（%）					5	5	5	7.2	8.1
	大豆粕（%）	15	8	8	8					
	棉籽粕（%）	3	3	3.5	3	3	4	4	5	5
	菜籽粕（%）	2.2	3	3	3	3	4	4	5	5
	花生仁粕（%）	3	4	4	4	4	5	5	5.5	5.3
	亚麻仁饼（%）		3	3	3	3	3	3		
	芝麻饼（%）		2.3	3	2.7	2.3	2.3	2.2		
	肉骨粉（%）					3	4	4	4	4
	国产鱼粉（%）	4	4	4	4	4				
	猪油（%）	3	3.1	3.4	3.1	1.4	2.48	2.98	2.3	3.52
	磷酸氢钙（%）	0.7	0.65	0.65	0.65	0.2	0.5	0.45	0.45	0.45
	石粉（%）	1.25	1.15	1.1	1.15	0.6	0.8	0.85	0.95	0.95
	食盐（%）	0.28	0.28	0.28	0.28	0.28	0.32	0.32	0.32	0.32
	蛋氨酸（%）	0.04	0.03	0.03	0.03	0.03	0.05	0.06	0.06	0.06
	赖氨酸（%）	0.06	0.16	0.16	0.16	0.17	0.25	0.24	0.20	0.19
	1%预混料（%）	1	1	1	1	1	1	1	1	1

(续)

项目		配方10	配方11	配方12	配方13	配方14	配方15	配方16	配方17	配方18
营养水平	代谢能/(兆焦/千克)	12.59	12.55	12.53	12.55	12.53	12.51	12.55	12.54	12.55
	粗蛋白质(%)	19.05	19	19	19	19	18.9	19	19.1	19
	钙(%)	0.9	0.9	0.9	0.9	0.9	0.9	0.9	0.9	0.9
	有效磷(%)	0.4	0.4	0.4	0.4	0.4	0.4	0.4	0.4	0.41
	赖氨酸(%)	0.94	0.94	0.94	0.94	0.94	0.94	0.94	0.94	0.94
	蛋氨酸(%)	0.36	0.36	0.36	0.36	0.36	0.36	0.36	0.36	0.36

表3-50　5周龄以上肉用土鸡全价配合饲料配方三

原料	配方19	配方20	配方21	配方22	配方23	配方24
玉米(%)	63.2	64.6	70.0	69.5	64	64.5
小麦麸(%)	3	3			5	7.0
大豆粕(%)	17	21	12.0	13.5	20	18
棉籽粕(%)				10		
花生仁粕(%)	5					
鱼粉(%)	6	3	14	2	8	8
油脂(%)	3	3		2		
石粉(%)	0.5	2	1.5	0.65	0.33	0.13
磷酸氢钙(%)	1	2	1.2	1.0	1.3	1
食盐(%)	0.3	0.4	0.3	0.35	0.37	0.37
1%预混料(%)	1	1	1	1	1	1

表 3-51 肉用土鸡全价配合饲料配方及营养水平

	项目	0~4周龄			5~12周龄				12周龄以上			
		配方1	配方2	配方3	配方1	配方2	配方3	配方4	配方1	配方2	配方3	配方4
原料	玉米 (%)	46.2	44.2	61.8	51.2	51.0	59.7	65.98	48.0	57.2	65.0	66.95
	碎米 (%)	7.0	10.3		10.0	6.0			11.2	10.0	2.3	
	小麦 (%)	10.0	8.0		9.5	10.0			12.0	10.0		
	小麦麸 (%)			9.0		6.5	4.6	12.32	4.2			1.55
	花生仁饼 (%)	8.0	12.0	4.0	8.0	14.0	10.0	2.0	7.0	13.0	12.0	13.0
	大豆饼 (%)	11.7	13.0	16.0	7.0		4.0	13.0	7.0		16.0	1.0
	草粉 (%)	2.0	2.0		2.0	2.0	15.0		2.0	2.0		14.0
	淡鱼粉 (%)	14.0		8.0	11.0		1.0		7.0			
	进口鱼粉 (%)		9.0			9.0	5.0	5.0		6.0	4.0	3.0
	贝壳粉 (%)	0.3	0.7	0.7	0.5	0.7		1.0	0.8	1.0		

（续）

	项目	0~4周龄			5~12周龄				12周龄以上			
		配方1	配方2	配方3	配方1	配方2	配方3	配方4	配方1	配方2	配方3	配方4
原料	食盐（%）	0.3	0.3		0.3	0.3	0.2	0.2	0.3	0.3	0.2	
	预混料（%）	0.5	0.5	0.5	0.5	0.5	0.5	0.5	0.5	0.5	0.5	0.5
营养水平	代谢能/(兆焦/千克)	12.2	12.26	12.13	12.2	12.18	12.13	12.13	12.26	12.26	12.13	12.13
	粗蛋白质（%）	21.0	21.2	19.2	18.1	18.1	17.3	17.0	16.2	16.2	15.8	15.0
	钙（%）	0.94	0.89	0.97	0.94	0.94	1.10	1.06	0.88	0.88	1.06	0.97
	有效磷（%）	0.74	0.60	0.62	0.66	0.67	0.55	0.54	0.60	0.62	0.52	0.50
	赖氨酸（%）	1.04	0.95	0.93	0.83	0.69	0.81	0.76	0.71	0.57	0.77	0.63
	蛋氨酸（%）	0.37	0.34	0.34	0.31	0.32	0.28	0.55	0.26	0.26	0.35	0.51

2. 不同品种肉用土鸡全价配合饲料配方

不同品种肉用土鸡全价配合饲料配方见表 3-52~ 表 3-55。

表 3-52 黄羽肉鸡全价配合饲料配方及营养水平

	项目	0~5 周龄		6~12 周龄	
		配方 1	配方 2	配方 1	配方 2
原料	玉米（%）	63.5	62.0	69.0	68.0
	大豆粕（%）	22.0	18.0	16.7	15.0
	棉籽粕（%）	7.0	6.8	8.0	7.0
	花生仁粕（%）		8.0		6.0
	肉骨粉（%）	4.0		3.0	
	鱼粉（%）		1.0		
	骨粉（%）	1.6	2.5	1.6	2.5
	石粉（%）	0.6	0.4	0.4	0.2
	食盐（%）	0.3	0.3	0.3	0.3
	1% 预混料（%）	1.0	1.0	1.0	1.0
营养水平	代谢能/（兆焦/千克）	12.3	12.1	12.4	12.3
	粗蛋白质（%）	20.1	20.1	18.1	17.9
	钙（%）	0.95	1.00	0.88	0.88
	有效磷（%）	0.42	0.43	0.38	0.39
	赖氨酸（%）	0.96	0.95	0.82	0.81
	蛋氨酸（%）	0.34	0.34	0.29	0.28
	蛋氨酸 + 胱氨酸（%）	0.68	0.68	0.61	0.61

表 3-53 肉用地方黄鸡全价配合饲料配方及营养水平

	项目	0~4 周龄			5~12 周龄		
		配方 1	配方 2	配方 3	配方 1	配方 2	配方 3
原料	玉米（%）	20	26	59.51	66.3	35.0	26
	碎米（%）			20			20
	大麦（%）		17.0				17.0
	小麦粉（%）	8.5				8.0	
	稻谷粉（%）	39				27.5	
	大豆粕（%）	20.0	14.0	14.0	12.0	19.0	14.0
	棉籽饼（%）		10.0	15.0	12.0		10.0
	鱼粉（%）	10.0	10.0	9.0	7.0	8.0	10.0
	骨粉（%）	1.5		0.5	0.4	1.5	
	碳酸钙（%）		1.0				1.0
	磷酸氢钙（%）		0.7	0.5	0.9		0.7
	食盐（%）		0.3	0.2	0.16		0.3
	蛋氨酸（%）			0.11	0.09		
	赖氨酸（%）			0.18	0.15		
	1% 预混料（%）	1	1	1	1	1	1
营养水平	代谢能/(兆焦/千克)	12.41	12.41	12.83	11.95	11.58	
	粗蛋白质（%）	19.7	24.0	21.0	18.4		
	钙（%）	1.02	0.89	0.88	0.94		
	总磷（%）	0.81	0.63	0.62	0.76		
	蛋氨酸（%）	0.36	0.47	0.41	0.32		
	赖氨酸（%）	1.9	1.29	1.19	1.06		
	蛋氨酸+胱氨酸（%）	0.69			0.63		

注：配方 2 适用于选育的快大型黄羽肉鸡。

表 3-54　湖黄鸡肉鸡全价配合饲料配方

原料	0~42 日龄			43~90 日龄			91 日龄至出栏		
	配方1	配方2	配方3	配方1	配方2	配方3	配方1	配方2	配方3
玉米（%）	28	56	26	30	65	35	30	71	41
碎米（%）	30		30	35		30	40		30
大豆粕（%）	22	21	21	21	24	24	17	20	20
小麦麸（%）	12	12	12	9	5	5	9	5	5
鱼粉（%）	3	3	3	2	3	3	1	1	1
酵母（%）	2	5	5						
预混料（%）	3	3	3	3	3	3	3	3	3

表 3-55　三黄鸡全价配合饲料配方

原料	0~42 日龄		43~90 日龄		91 日龄至出栏	
	配方1	配方2	配方1	配方2	配方1	配方2
玉米（%）	60	60	59	47	53	55
大豆粕（%）	28	26	16	15	20	19
DDGS（%）			15	13	15	13
棕榈粕（%）			5	5	4	
膨化大豆（%）	8	7				5
米糠（%）				15		
肉骨粉（%）		3				
豆油（%）			1	1	4	4
预混料（%）	4	4	4	4	4	4

参 考 文 献

［1］王继华，傅庆民.鸡饲料配方设计技术［M］.北京：中国农业大学出版社，2005.
［2］邱楚武.饲料添加剂的配制及应用［M］.北京：金盾出版社，2001.
［3］LEESON S，SUMMERS JD.实用家禽营养［M］.沈慧乐，周鼎年，译.3版.北京：中国农业出版社，2010.
［4］单安山.饲料与饲养学［M］.北京：中国农业出版社，2006.
［5］周明，张新，解正会.绿色饲料添加剂［M］.北京：化学工业出版社，2015.
［6］张鹤平.林地养鸡饲料科学配制与利用［M］.北京：化学工业出版社，2017.
［7］魏刚才，王亮，王岩保.彩色图说高效养土鸡新技术［M］.北京：化学工业出版社，2020.
［8］陈代文，余冰.动物营养学［M］.4版.北京：中国农业出版社，2020.